口絵 1　古代の伐採により森林が衰退したとされる田上山（たなかみやま）付近の景観（17 頁）．

口絵 2　割木（図 2.5, 52 頁．新潟県村上市）．

口絵 3　倒木から発生する木材腐朽菌ヌメリスギタケモドキ（図 2.10a, 59 頁．京都府南丹市）．

口絵 4　かつて燃材を採取していた放棄二次林（92 頁．千葉県南部）．

口絵 5　用材を伐り出した天然林（二次林）（92 頁．北海道）．

口絵6　雑木林の代表的な昆虫，オオムラサキ，スズメバチ，カナブン（左）およびシロスジカミキリ（右）（図3.9, 95頁．写真左：宮下俊之）．

口絵7　スプリング・エフェメラル．カタクリ（左）とエゾエンゴサク（右）（図3.10, 96頁）．

口絵8　ナラ枯れの被害木（左，茶色く見える樹冠，マテバシイ）とナラ枯れを媒介するカシノナガキクイムシ（右）（106頁）．

口絵9　シカによる林床植生の破壊により，野生絶滅に近い状態になっているツシマウラボシシジミ（図3.17, 116頁．写真：宮下俊之）．

宮下 直・西廣 淳 編集

人と生態系の
ダイナミクス

❷森林の
歴史と未来

鈴木 牧・齋藤 暖生・西廣 淳・宮下 直［著］

朝倉書店

シリーズ〈人と生態系のダイナミクス〉編者

宮下　直　東京大学 大学院農学生命科学研究科 教授
西廣　淳　国立環境研究所 気候変動適応センター 主任研究員

第2巻著者

鈴木　牧　東京大学 大学院新領域創成科学研究科 准教授
齋藤暖生　東京大学 大学院農学生命科学研究科
　　　　　附属演習林富士癒しの森研究所 講師
西廣　淳　国立環境研究所 気候変動適応センター 主任研究員
宮下　直　東京大学 大学院農学生命科学研究科 教授

まえがき

　人類は生物種として出現して以来，自然環境（＝生態系）からさまざまな恵みを引き出し，その利用を通して社会を発展させてきた．同時に，その営みが自然環境を顕著に改変してきたのは論をまたない．特に，20世紀以降の人口増加と科学技術の目覚ましい進歩は，大規模な土地改変や自然資源の過剰利用をもたらしてきた．これは自国だけでなく，貿易を通して他国への負荷も増大させている．資源の枯渇，処理しきれない廃棄物の発生，地形や土壌の不可逆な改変といった地球規模の環境問題は，人間社会の持続可能性を間違いなく低下させている．最近の地球規模での温暖化や極端な気象，それらがもたらす災害は，そうした危機にさらに拍車をかけている．

　こうした中，生態系には多様な機能があり，それが社会の持続性にとって重要であるという認識が，徐々に社会に浸透し始めている．たとえば生態系の保全や持続利用に対して，国や自治体が支援するしくみが整いつつある．また生態系の価値を市場メカニズムに組み込む試みや，生態系の保全と地域活性化を連動させる試み，さらに自然が潜在的にもつ能力を防災・減災に積極的に活用する試みも散見される．これらは，人と自然の関係を再構築し，新たなフェイズに向かわせる動きととらえることができる．

　だが，その動きはいまだ限定的であり先行きが不透明である．最近のマスコミ報道でも明らかなように，国や企業は，ICT（情報通信技術）やAI（人工知能）が招く新たな価値創造をめざした社会づくりを進めつつある．国際競争力を高めるためのスマート農業はその典型だろう．だが，生産性や効率のみを追い求めた過去が，予期せぬ環境問題や社会問題を引き起こしてきたことを忘れてはならない．逆説的かもしれないが，いまこそ過去の歴史に学び，これからの時代に合った「価値の復権」を探ることが必要ではないだろうか．これは，現代文明を捨てて社会を昔の状態に戻そうという主張ではない．人間とその環境の関係を加害者と被害者のように単純化するのではなく，人間と環境がダイ

ナミックに作用し合ってきた歴史の文脈で「環境問題」をとらえ，未来を創造的に議論しようという意味である．そもそも私たちは，日本の自然や社会のルーツとその変遷をどれほど知っているだろうか．自分自身の生活や社会の歴史を知ることは，文化も含めた価値の再認識につながるはずだ．先行きが不透明な時代を迎えたいま，経済至上主義や短期的な利便性の追求といった価値観を超え，日本人が長年培ってきた共生思想や「もったいない」思想を生かす技術革新や制度設計，そして教育改革が，明るい未来を拓くことにつながるに違いない．

　編者らが本シリーズ（全5巻）を企画した背景は上記のとおりである．本シリーズでは，人との長年のかかわり合いの中で形成されてきた五つの代表的な生態系—農地と草地，森林，河川，沿岸，都市—を取り上げ，①その成り立ちと変遷，②現状の課題，③課題解決のための取り組みと展望，を論じていく．編者や著者らの力量不足で，新たな価値の復権には至っていないかもしれないが，少なくともそのための材料提供になっているだろう．また国連が定めたSDGs（持続可能な開発目標）の達成が大きな社会目標となっている現在，人と自然の歴史的なかかわりから学ぶことは多いはずである．その意味からも，本書は示唆に富む内容を含んでいるに違いない．

　本書は純粋な自然科学でも社会科学でもない，真に分野を横断した読み物として手に取っていただくとよい．著者らは，基本的に生態学や政策学の専門家であるが，今回の執筆にあたっては，専門外の内容をふんだんに盛り込み，類書にないものに仕上げたつもりである．生態学や環境学にかかわる研究者，学生はもとより，農林水産業，土木，都市計画にかかわる研究者や行政，企業，そして生物多様性の保全に関心のあるナチュラリストなど，広範な読者を想定している．単なる総説にとどまらない，かなり挑戦的な内容も含んでいるため，未熟な論考もあるかもしれないが，その点については忌憚のないご意見をいただければ幸いである．

　シリーズ第2巻となる本書では森林を取り上げた．有史以前から，日本の森の姿は人間活動によって大きく改変されてきた．第1巻で取り上げた農地や草地とは逆に，森は常に高い利用圧にさらされて面積を減らし，変化してきた．

しかし，それは人による一方的な資源収奪の歴史だったわけではない．恵まれた気候風土の中で，人々は何度も犠牲を払いながら森林を賢く利用する知恵を鍛え続け，自分たちもその知恵に則った生活様式や文化を醸成してきた．本書では紙面の制約から議論を日本国内に限定するが，このような森と人との深い因縁は海外の多くの国でもみられる．本書の内容を足がかりとして，世界中で紡がれてきた森と人との豊かな物語に広く目を向けていただければありがたい．一方で，世界の森には暗い物語もある．たとえば，東南アジアや南米，東・南アフリカなどの地域では，豊かな森林が破壊的な速度で失われ続けている（森林消失 = deforestation）．この問題は私たちの消費生活とも少なからずつながっており，本書でも何度か取り上げた．世界と日本の森林を取り巻く困難な現実について，多くの方に関心を寄せていただきたい．

　本書は4章からなる．第1章では，本書の舞台となる日本の森林生態系について，その形成過程を概説する．まずはじめに地学的な時間スケールで，次に歴史学の時間スケールで，自然と人と森林のダイナミズムをたどっていく．この歴史を通じて徐々に醸成されてきた，人間社会による森林利用の知恵や技術を，第2章で詳しく紹介する．森林生態系はある程度の再生能力をもつシステムであり，人々はその特徴を生かして森林を循環的に利用する方法を発達させてきた．その実態を通して，森林の姿が短い時間スケールでどう変化してきたかが理解されるとともに，森林とその生物に対する日本の人々の深い洞察も感じられるだろう．だが，第1・2章で語られた森林と人々の強い結びつきは，現代の森では大幅に失われている．現代の日本は，歴史的な森と人の関係性をほぼ失う一方，先進国としては驚異的な森林率を誇るに至った．第3章では，このいままでに経験のない状況の中で，現代日本の森林が直面しているさまざまな問題を考察する．最後の第4章では，それらの問題を解決し，人と森の新しい関係を構築するための取り組みを紹介する．

　なお，日本の森林史についてはさまざまな学問分野から解明が進められており，その成果がすでに多くの論文や書籍として発表されてきている．本章もこれらの既往文献を参考にしているが，各章が専門の異なる複数の著者による共同執筆である点が，従来書にはない特徴である．1章は鈴木と齋藤の完全な共作で，2章は齋藤がおもに執筆し，鈴木が部分的に加筆した．3章は鈴木が書

いた初稿に宮下と齋藤が加筆・修正を施した．4章は齋藤・西廣が分担執筆した．すべての章について著者間で査読を行い，推敲を繰り返した．これは，人と森林の複雑な問題を，自然と人間，科学と社会という異なる視点から，なるべく多声的に描くことをめざしたためである．

本書の執筆にあたり，科研費 16K21003，16K13333 および 15K07471 の助成を受けた．記してお礼申し上げたい．また，奈良一秀氏，久保麦野氏にはコメントや情報提供をいただいた．写真のご提供元については該当箇所で名前を紹介した．現地取材や写真撮影にご協力いただいた大勢の方を逐一ここでご紹介することはできないが，ご容赦いただければ幸いである．

最後に，本書の刊行にあたられた朝倉書店編集部には，原稿の入稿が何度も大幅に遅れて多大なご迷惑をおかけした．この場を借りてお許しを請うとともに，深くお礼申し上げる．

2019 年 10 月

著者を代表して　鈴木　牧

目　　次

第 1 章　日本の森林の成り立ちと人間活動 ———————————— 1

1.1　日本列島の地史・地形的特徴と森林の多様性　　2

　(1)　気候的極相としての森林　　2

　(2)　地史的スケールでの気候変動と森林植生の変遷　　6

1.2　先史時代：古代の人為による森林植生の変遷　　7

　(1)　旧石器時代〜縄文時代における気候と植生の変動　　7

　(2)　野生動物の狩猟と大型動物の絶滅　　8

　コラム 1　安定同位体比から食物がわかる　　9

　(3)　野焼きと草地の創出　　11

　(4)　半栽培と二次林　　12

　(5)　縄文時代の気候変動と耕作文化への移行　　14

　(6)　稲作・金属器の導入と森林開発圧の増大　　14

1.3　集権化と森林開発の進行　　16

　(1)　支配者の資源：古代の建築ブーム　　17

　(2)　庶民の資源：多様な消費財　　18

1.4　中世まで：里山の形成と用材伐採の進行　　19

1.5　江戸時代：森林保全の試み　　20

　(1)　森林荒廃の深刻化　　21

　(2)　森林保護の機運　　22

　(3)　森を守り育てる試み：植林，輪伐，留山　　23

　コラム 2　マツ科の植林と菌根菌　　24

1.6　明治〜昭和前期における木材消費の拡大　　28

　(1)　開国・産業化に伴う木材消費の急増　　29

　(2)　輸送技術の発達と森林利用の拡大　　30

　(3)　森林伐採・木材加工の技術的変化　　32

vi 目　　次

(4)　用材林の拡大と入会林野・焼畑地の縮小　33

(5)　戦前日本の木材貿易　36

(6)　二度の大戦とはげ山の拡大　37

1.7　第二次世界大戦後の日本社会と森林利用　39

(1)　建築需要と拡大造林　39

(2)　日常的な森林利用の放棄　44

第2章　循環のダイナミクス―地域生態系としての森と人― ―――― 47

2.1　森の恵みと人々の営み　48

(1)　森林生態系がもたらす産物　48

(2)　用　　材　49

(3)　燃　　材　51

(4)　肥　　料　56

(5)　山菜やキノコ　57

コラム3　歴史的産物としてのキノコ利用文化　60

(6)　その他生活資材　62

2.2　循環的な資源利用が成り立つしくみ　64

(1)　針葉樹人工林　64

(2)　里山（薪炭林）　68

(3)　焼　　畑　71

(4)　民俗知とワイズユース　73

第3章　現代の森をめぐる諸問題 ――――――――――――― 76

3.1　針葉樹人工林：世界経済に翻弄される巨大生態系　77

(1)　世界経済の中の経済林　77

(2)　人工林生態系の特性　81

(3)　人工林の生物多様性とその機能　82

(4)　人工林の防災機能　85

(5)　人工林の水源涵養機能　86

(6)　人工林の管理と生態系機能の関係　88

目　　　次　　　　　vii

　（7）　まとめ：持続的な森林資源と生態系サービスのために　89

　3.2　二次林：アンダーユースと地域社会　91

　　（1）　二つの「二次林」　91

　　（2）　二次林の生物種　92

　　コラム 4　悪魔の契約―ドングリをめぐる森の騒乱―　93

　　（3）　二次林の遷移と生物種数の変化　98

　　（4）　里山昆虫の衰退にみる管理放棄　101

　　コラム 5　キーストーン種の由来と誤解　103

　　（5）　二次林の管理放棄と湿地の消失　104

　　（6）　新しい樹病：マツ枯れとナラ枯れ　105

　　（7）　竹林の放棄と拡大　107

　　（8）　まとめ：アンダーユースと二次林の機能低下　110

　3.3　野生動物の復権　111

　　（1）　森林のアンダーユースと野生動物の復権　111

　　（2）　人間社会への影響　112

　　（3）　大型偶蹄類の増加と森林生態系の劣化　115

　　（4）　外来種の侵入　118

　　（5）　行政の対応と課題　119

　　（6）　森林管理とシカ問題　121

　　（7）　ま　と　め　123

第 4 章　人と森の生態系の未来　――――――――――――――　125

　4.1　現代的な供給サービスと経済への組み込み　127

　　（1）　用材（マテリアル）利用　127

　　（2）　燃材（エネルギー）利用　133

　　（3）　非木材林産物の生産を通じた生態系管理　140

　4.2　森林とグリーンインフラ　147

　　（1）　グリーンインフラ　147

　　（2）　EcoDRR　148

　　（3）　森林の防災機能　150

(4) 森林の多面的機能と保安林　151

(5) 生態系サービスへの支払い　153

4.3 広がる森のステークホルダー　154

(1) 森林ボランティア　156

(2) 漁民の森　157

(3) 企業の森　159

(4) 教育活動としての森林管理　160

(5) 供給サービスをめぐる新たな輪：
　　森の恵みを享受する新たなしくみ　162

4.4 本書のまとめ　165

参 考 文 献　168

用 語 索 引　175

生物名索引　177

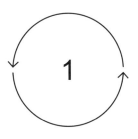

1

日本の森林の成り立ちと人間活動

　初めて訪日したヨーロッパ人の植物学者に日本の第一印象を尋ねたところ，意外と自然が豊かですね，といわれた．日本はテクノロジー大国だと聞いていたのに，飛行機の窓から一面の森がみえ，いい意味で驚いたという．確かに，日本は先進国の中でも指折りの森林率を誇る．狭い国土に多種多様な森林景観を擁し，それを目当てに海外から大勢の観光客が訪れるほどだ．しかし，本章で紹介するように，日本がここまでの森林国になったのはじつはつい最近の話である．

　日本列島では古来，人々が森から食料，燃料，木材などの生活資源を得る一方，狩猟，耕作や住居設置のため森を焼いて開放地（野）を作ってきた．国の経済が発展し，海外から資源を輸入できるようになるまで，日本に暮らす人々は，すべての生活資源を自国の生態系に依存していた．それを支えたのが，日本列島の温暖な気候と豊富な降水量である．しかし，社会が混乱すれば生態系からの無秩序な略奪が起こり，社会が安定し人口が増えれば利用圧が増大する．森林への高すぎる利用圧は，日本各地の森林を次第に疲弊させ，消失させた．各時代において人々のさまざまな努力はあったものの，日本の森林面積は低下の一途をたどった．ところが第二次世界大戦後，日本が経済発展し世界有数の資源輸入国となったことで，自国の森林への利用圧は一気に弱まった．戦後復興事業として実施された拡大造林も相まって，国内の森林面積は増加に転じた．こんにち飛行機の窓から見える「緑の国」は，こうして戦後わずか数十年の間

に忽然と現れたものである.

　本章ではまず,日本の森と人間が歩んできた長い道筋をたどっていこう.日本の森は,有史以前から続く長い時を経て,気候環境の変化や人と自然の葛藤にさらされ,その姿を大きく変えてきた.森の歴史は地球環境変化の歴史でもあり,もうひとつの日本史でもある.

1.1　日本列島の地史・地形的特徴と森林の多様性

　人間と森林のダイナミズムを考えるには,まずその舞台となる日本列島の森林植生の成り立ちを知る必要がある.日本列島の大部分の地域において,気候的極相の植生は森林である.温度条件や攪乱によって,地域ごとに異なるタイプの森林が成立している.それらの森林植生は,数万年単位の気候変動に伴い,北上や南下を繰り返してきた.日本列島は,形成以来一度も氷河に覆われることなく,大陸との接続・分断を繰り返してきたために,世界的にも多様な樹種を擁するようになった.以下では,こうした自然のダイナミズムにより列島レベルでの植生が形成されてきた歴史を眺めていく.

(1)　気候的極相としての森林

　植生学の分野では,陸域の生態系が人為の影響を受けないで長い年月を経ると,その場所の気候条件等から予想される特定のタイプの植生に到達すると考えられている.このような植生タイプを"気候的極相"とか"潜在自然植生"などと呼ぶ.日本列島のほぼどこでも,現在の気候条件下における気候的極相は森林である(図1.1).

　森林が成立するには,温暖な気温と豊富な降水量が必要である.気温が低いと樹木の巨大な体に見合った量の光合成ができないし,降水量が少ないと木のてっぺんまで十分な水が届かない.日本列島は付近を暖流が流れる海に囲まれており,温暖で,最も寒い北海道北部でさえ夏場は30℃を超える日がある.ケッペン(Köppen)の気候区分でツンドラとなる気温条件よりはだいぶ暖かい(図1.2左).また,夏には南東の太平洋高気圧から湿った空気が流れ込み,冬には

1.1 日本列島の地史・地形的特徴と森林の多様性

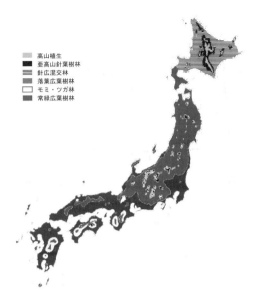

図 1.1 現代の日本における森林帯の分布.
福嶋（2005）に基づく（植生情報を欠く地域は除外）.

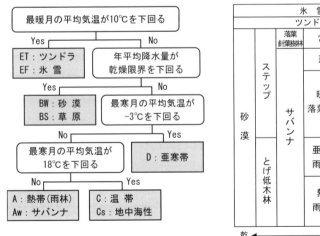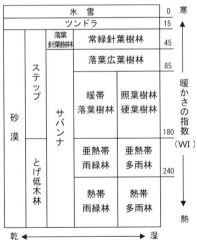

図 1.2 気候条件と植生タイプの関係.
左はケッペンの気候区分．右は吉良（1949）が提唱した「暖かさの指数」に基づく分類で，日本の森林区分とよく対応する（上山ほか 1969 を改変）.

シベリア高気圧から日本海を渡ってくる風が吹き込むため，夏は太平洋側，冬は日本海側で大量の降水・降雪がある．この温暖さと降水量の多さが，日本を森林地帯たらしめる本質的な理由である．

一方，南北に長い日本列島では地域による年平均気温の差が大きく，最北部の冷温帯気候から最南部の亜熱帯気候まで幅広い気候帯を含んでいる（図1.1）．気温の差に応じて，冷温帯には落葉針葉樹林や落葉広葉樹林，暖温帯には常緑広葉樹林と，じつに多様な森林景観が分布する（これを植生帯の水平分布という）．同じ地域でも気温は標高に応じて変化するので，高い山では，麓は広葉樹林だが頂上付近は亜寒帯性の針葉樹林や高山植生，というような変化もみられる（これを植生帯の垂直分布という）．地域の気温と成立する森林タイプの関係は，著名な生態学者の吉良竜夫によって定式化されている（図1.2右）．

各地域の森林景観には，積雪と台風も強い影響を与えている．日本列島は大陸プレートの境界部に位置し，プレート同士の複雑な相互作用によってきわめて変化に富んだ地形を有している．東北から中部地方までを南北に走る脊梁山脈は，日本海側と太平洋側の顕著な気候の違いを生み出した．日本海側は世界でも類をみない多雪地帯となっており，そこではスギやブナなどの雪圧耐性に優れる樹種が純林を形成しやすい．一方，太平洋側には台風が頻繁に到来する．琉球列島や太平洋側の島嶼など，頻繁に台風に見舞われる地域では，風で高い木が折れたり塩害で葉や枝が枯れたりするため，林冠高（森の高さ）は低い．多発する林冠ギャップ（木が倒れてできた空き地）に新しい稚樹が成長するので，森林の世代交代が早い一方，樹種が激しく入れ替わって種の多様性は高くなる．たとえば，一口に「ブナ（が優占する）林」といっても，太平洋側ではナラやカエデやシデなどの樹種が豊富に混交するのに対し，日本海側では巨大なブナが純林状を呈するなど，両者はまったく違う様相を呈する．

ところで，ブナの純林が日本海側の山地に多く分布する理由を，人為の影響に求める向きもある．ブナは遷移後期種とか極相樹種などと位置づけられる樹種で，遷移が進んだ暗い林に優占しやすいとされる．しかし人がブナを伐ると明るい空き地が形成され，そこにさまざまな広葉樹が生える．太平洋側のブナ林では昔から人がブナを伐採して利用してきたために，ブナ林に他の樹種がたくさん混交しているのに対し，日本海側では積雪によって人の活動が阻まれた

図 1.3　原生植生の残る地域（黒）と人工林（グレー）の分布．
　　　　吉岡ほか（2013）による，1980年代の植生調査記録に基づく分類．

ために，ブナの純林が残ったのではないか，というわけだ（Nakashizuka and Iida 1995）．この説に限らず，地形が険しい地域や気候の厳しい地域では，人の活動が制限され，結果的に森林が保護されやすかったというのは，信ぴょう性の高い話である．たとえば，近畿・中国・九州地方には人為の影響を受けていない森林がほとんど存在しないが（図1.3），これは永らく近畿圏に首都が置かれていたこととあわせて，高い山が少なかったことも関係しているだろう．また現在，原生林と呼ばれるような人為の影響の少ない植生は，亜高山帯以上の高標高域か世界自然遺産地域にみられるだけである．

　このように，日本列島は全域が森林として維持されやすい気候条件にある一方で，複雑な地形条件と季節風の影響によって，地域ごとに異なる森林景観をもつようになった．各地域の森林植生は，原則的には気候と各植物種の生育可能条件とのマッチングによって制限されるが，現実の植生はそれだけでは説明されない．日本列島の長い歴史を通して，生物的な作用と人間の思惑がそれぞ

れに絡み合って，現在の植生が形成されてきたのである．この気候―生物―人間の相互作用は，森林と人間の厳しい相克をもたらすと同時に（1章），人間に数々の賢明な利用の手段を発明させ（2章），現代でもなお，私たちと森林との関係性を規定している（3章，4章）．

(2) 地史的スケールでの気候変動と森林植生の変遷

現在の日本に分布している樹種はいつ，どこからきたのだろうか．日本列島がアジア大陸から離れて太平洋側に移動し始めたのは中新世初期（約2000万年前）のことである．2000万年前の地層から現在の北海道にみられる落葉広葉樹や針葉樹と近縁な種の花粉が広く見つかっており，すでにこの頃から日本は森林に覆われていたようだ．その後，陸地の拡大，日本海部分の沈降，西南日本の隆起を経て日本海が形成されていき，500万年前頃には列島が完全に大陸と離れ，200万年前頃までに現在に近い形状となった．

堆積物中の花粉の種組成は，地球周期的な気候の温暖化や寒冷化，地形変化による気候変化などに従って変化する．列島を取り巻く植生は，冷温帯林と暖温帯林や熱帯林の間を何度も行き来したようである（安田・三好編 1998）．また，現在日本に分布しないフウ属やメタセコイア属（いずれも中国に自生）などの大陸性の樹種の花粉も各時代に出土している．これらの種には，日本が大陸だった頃にすでに分布していたものもあるだろうし，温暖化で海が後退した時期に大陸から侵入したものもあるだろう．さまざまな時代に日本列島に渡ってきた植物群は，気候変動に合わせて徐々に分布を移動しながら，列島の森林の構成種となっていった．なかには，大陸の個体群と隔離される間に遺伝的な変化を遂げ，日本の固有種となっていったものも多い．

これらの多様な樹種にとって，日本列島がアジア大陸の東側に分布していたことは幸運だった．更新世（250万〜1万年前）には氷期と間氷期が20回ほど繰り返され，森林が北上と南下を繰り返し，そのつど各地の樹種構成が再編された．この過程で，ヨーロッパでは落葉広葉樹種のじつに7割以上が絶滅したが，東アジアや北米では8割以上の種が生き延びた（アスキンズ 2016）．この理由として，ヨーロッパでは東西に走るアルプス山脈が植物の避難を阻んだのに対し，東アジアや北米では脊梁山脈が南北に走向しており，南方への避

難が容易だったことが幸いしたと考えられている．およそ2万年前に2000年ほど続いた最終氷期最寒期（LGM：Last Glacial Maximum）にも，日本列島は氷河に覆われることはなく，道北と道東にツンドラが出現した以外は，全地域が森林帯であった（山田 1998）．列島に分布する約1100の樹種は，数万年に及ぶ気候条件の変化に合わせて南下・北上し，また標高を上下しながら，氷期と間氷期の繰り返しを乗り越えて現在に至っている．以上のように，日本列島はその特殊な自然地理学的要因を背景に，きわめて多様性の高い森林景観を発達させてきた（なお，各地域の地誌・植生の変遷については安田・三好編（1998）などの専門書に詳しい）．次節からは，この自然条件のもとで森林の生物と人間活動の間に生じたさまざまな相互作用を，時代を追って考えていこう．

1.2　先史時代：古代の人為による森林植生の変遷

日本列島でいままでに見つかった最も古い現生人類の骨は，沖縄本島の約3万6000年前の地層から出土している（高宮ほか 1975）．日本への渡来以降，本格的な農耕が開始されるまで，人類は狩猟採集を基調とする生活を展開した（旧石器時代〜縄文時代）．紀元前8世紀頃に大陸からコメの栽培＝稲作が伝来すると，稲作は長い時間をかけて徐々に列島各地へ普及した．稲作は，それ以前に列島で営まれていたマメや雑穀の栽培より効率の高いカロリー源をもたらし，その結果として人間社会の制度や生活習慣に重要な変化が生じていく．これらの時代において，非生物環境，生態系，人間がどのように相互作用しながら，日本の森林を変化させていったのかをみていこう．

(1)　旧石器時代〜縄文時代における気候と植生の変動

琉球列島へ初めて人類が渡ってきた更新世後期，日本列島には現生の主要な常緑針葉樹，常緑広葉樹，落葉広葉樹の仲間がすでに分布していた．日本列島の大部分で，人類は常に森林生態系と隣り合わせに歩んできた．森林を構成する多様な樹種は，気候変化に伴って緯度・標高方向に分布を変化させていった．樹木たちの先史時代におけるダイナミックな移動は，堆積地層中の微細植物遺

骸（花粉など）の分析によって解き明かされつつある．

縄文時代はいまからおよそ1万7000〜2300年前（更新世末〜完新世）にあたるが，その初期（更新世末）は寒冷で，中頃（7000〜5000年前の縄文海進期）は現在より2〜3℃暖かく，その後は再びやや冷涼な気候であった．前述のように，LGMの日本は道北以南がほぼ針葉樹林に覆われており，関東以南の沿岸には常緑針葉樹と落葉広葉樹の混交林が，現在の屋久島・種子島にあたる地方には常緑広葉樹林が，細々と残っていたようである．やがて気候の温暖化が進むと，日本海側の中標高域で落葉広葉樹林，低標高域ではスギが増加していった．常緑広葉樹林は縄文中期に太平洋側の低地帯で形成され始め，やがて日本海側まで分布を広げていった．縄文晩期にあたる2500年前頃には，日本海側ではスギが全盛期を迎え，モミ，ツガ，コウヤマキなどの温帯性針葉樹も増加した一方，内陸や太平洋側の山地帯では常緑広葉樹林がいぜん優勢であった．

(2) 野生動物の狩猟と大型動物の絶滅

農耕開始以前の人々は狩猟・採集生活を営んでいた．人類による動物質の食物資源の利用は，生態系に強い圧力を与えていたと考えられ，特に狩猟圧は当時の動物相を激変させた．アフリカ以外の多くの大陸で共通して，人類が到達した時期に大型哺乳類の大量絶滅が認められている（Barnosky et al. 2004）．日本でも同様の現象が起こった．琉球列島では，人類の渡来以前に広く分布していた森林棲の小型シカ（現在ではリュウキュウジカと呼ばれている）が2万7000〜3万6000年前に，人類による捕食の影響で絶滅したと考えられる（藤田・久保 2016）．同じく人類より前に日本列島へ渡来していた多様な大型動物（現生クマ類，ヤベオオツノジカ，ナウマンゾウ，ステップバイソン，オーロックスなどの存在が知られる）の多くが，約2万3000年前までに絶滅したとされる（アスキンズ 2016）．

これら大型動物の絶滅は，生態系を構成する植物相にも間接的な影響を及ぼしたと想像される．北米大陸では1万1000年ほど前（更新世末，ヤンガードリアス期）に針葉樹林（トウヒ，マツ林）に落葉樹が進出しているが，これは大型の草食動物が衰退したことで，落葉樹の生存率が向上したせいではないかという説がある（アスキンズ 2016）．一方，現代の熱帯雨林での研究から，哺

乳類が激減した森林では，動物によって種子を散布されるタイプの樹木が激減することがわかっている（Terborgh et al. 2008）．同様の現象は日本の先史時代にも起こり，動物に散布されるタイプの樹木が衰退していたかもしれない．

　大型の狩猟対象動物が激減したのちも，ニホンジカやイノシシなどの偶蹄類は高い自然増加率と環境適応力によって絶滅を免れた．これらの動物はやがて主要な農業害獣として君臨するようになり，現代では森林生態系に大きな影響を与えることになるのだが（3.3 節），縄文時代においてはいぜん重要な食料かつ生物材料だった．これらの動物の骨が日本各地の遺跡から大量に出土していることからも，その重要性は明らかである．シカやイノシシのほかにもウサギ，キツネ，タヌキなどの陸生動物や，キジやカモなどの鳥類も捕獲されていた（西本 2010）．炭素–窒素同位体比に基づく分析によって縄文人の食生活を調べた研究によると（米田ほか 2011：コラム 1），当時の本州・九州の広い地域において，海産物よりも陸生哺乳類や C3 植物に比較的依存した食生活が展開されていたようである（なお，北海道や沖縄諸島のメニューは海産物に強く依存しており，瀬戸内沿岸でもかなり漁撈に依存した食生活が展開されていた）．

コラム 1　安定同位体比から食物がわかる

　自然界に存在する元素には，周期律表に載っているのとは異なる分子量をもつ原子が存在する．たとえば，標準的な酸素原子の分子量が 16 である（^{16}O）のに対して，中性子が 1 個多い酸素原子（^{17}O）や 2 個多い酸素原子（^{18}O）の存在が知られている．これらの原子は，放射性同位体のように自然に崩壊したり人の健康に害を及ぼしたりすることなく，自然界に安定的に存在しており，「安定同位体」と呼ばれる．水素，酸素，炭素，窒素などの元素では，標準的な分子量の原子が天然存在比の 99％以上を占め，他の安定同位体はごく稀にしかみられない．これらの稀な安定同位体を含む分子は，通常の分子とは微妙に異なる重さをもつことから，生態系内での物質移動のトレーサーとして利用できる．そのような利用法の一つが，炭素や窒素の安定同位体比に基づく，生物の食事メニューの分析である．

　炭素と窒素には，標準的な原子 ^{12}C や ^{14}N より中性子が 1 個多い，^{13}C や ^{15}N という安定同位体が存在する．これらの稀な同位体を含む生体物質の分子は，

その物質の通常の分子より少しだけ重い．重い分子は軽い分子より移動しにくく，化学的な反応にも使われにくい．このため，生物の体を構成する炭素や窒素の安定同位体比には次のような一般則が成り立つ．①植物体を構成する炭素の割合は，大気中の二酸化炭素に比べ，^{12}C に大きく偏る（^{13}C の割合が低い）．これは，植物が大気から二酸化炭素を取り込んで光合成するとき，^{12}C の方が ^{13}C よりも優先的に使われるため．②栄養段階の高い生物ほど，体を構成する炭素や窒素に ^{13}C や ^{15}N を高率で含む．これは，^{13}C や ^{15}N は ^{12}C や ^{14}N に比べて老廃物として体から代謝・排出されにくく，体の中に溜まりやすいためである（生物濃縮）．たとえば，動物食の動物は，植物食の動物よりも高い ^{13}C 比や ^{15}N 比をもつ．③海の生物の体は陸の生物の体より，^{13}C や ^{15}N を高率で含むことが多い．海の生物は陸の生物より栄養段階が高いものが多いから，と考えられている．

以上のことを利用すると，動物の体組織と，その動物が食べていた可能性のある生物の体組織をとって，それらに含まれる $^{13}C:^{12}C$ や $^{15}N:^{14}N$ の値を調べることで，食事のメニューを推定したり，餌種ごとの利用割合を推定したり

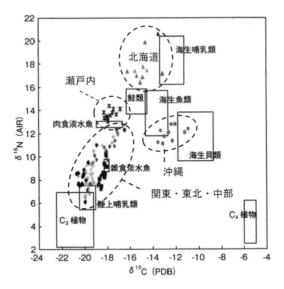

図　各地から発掘された縄文人の人骨（シンボル）と，現生のさまざまな動植物（長方形の範囲）の窒素・炭素安定同位体比．
米田ほか（2011）より改変．安定同位体比の値は標準物質との比較で表されている．

できる．さらに，植物では光合成の方法によって同位体比が異なるので，必要ならば，食事に含まれる C3 植物と C4 植物の比率を調べることなども可能だ．

　図は，各地の貝塚から出土した縄文人の人骨と，現世の海生哺乳類（アザラシなど），海生魚類，海生貝類，陸上哺乳類などの体組織における炭素と窒素の同位体比を比較したものである（米田ほか 2011）．瀬戸内を除く本州部の縄文人の骨では，海の生物の体より ^{13}C や ^{15}N の割合がかなり低いことから，彼らの食事が陸の生物に強く依存していたらしいことが読み取れる．一方，瀬戸内，北海道，沖縄の縄文人の骨は，海生哺乳類や海生魚類に近い同位体比を示しており，それらの生物を多く食べていたと推測される．実際の縄文人は，季節ごとに採れるさまざまな食物を組み合わせて利用していたはずだが，その中でも各地域で特に重要だったメニューが，同位体比に反映されているといえるだろう．

(3)　野焼きと草地の創出

　縄文人は生活環境の自然をあるがままに利用していたわけではなく，利用しやすいように手を加えていた．そのような加工の一つが草地の創出である．

　日本列島では約 1 万 1000 年前頃の縄文時代早期から，各地の堆積物中に含まれる微粒炭が増加しており，この時代に野火が多発するようになったと考えられている（須賀ほか 2012）．これは日本固有の現象ではなく，たとえば北米大陸でも 1 万 1000 年ほど前（更新世末，ヤンガードリアス期）に，野焼きによると思われる人為火災の痕跡が確認されている（アスキンズ 2016）．微粒炭の堆積は縄文時代以前の気候変動期にはみられないことから，自然発火の増加ではなく，人間による野焼きの開始を表す証拠と考えられている．

　野焼きによって創出された草原にはさまざまな利用価値があったと考えられる．草原は猟場として優れており，北米や欧州などの狩猟採集文化においても野焼きによる草原の創出・維持が行われていた．焼け跡の草原には，竪穴式住居の外装として使われたススキなどのイネ科草本，根茎からデンプンを得たり山菜として利用したりしたワラビなどの植物が豊富に出現し，それらの良好な採集地となったであろう．さらに，縄文時代中期以降にはマメや雑穀の栽培が導入された地域もあることから，焼畑が行われたとの考えもある（日本における焼畑の成立時期には諸説あるが，おそらく縄文時代と考えられる）．日本古来の焼畑は循環的農法であり（本書 2.2 節(3)を参照），江戸期までは山村地域の

自給的農業に，明治から昭和初期にかけては換金作物の栽培に用いられていた．そのほかの，草原の多様な生態系機能については，「人と生態系のダイナミクス　1．農地・草地の歴史と未来」に詳しく解説されている．

いずれにしても，当時から日本列島の大部分は"放っておくと森になる"気候条件だったため，森を草原にしておくためには頻繁な刈り払いや野焼きが不可欠であった．人間による意図的な森林開発の歴史は早くも縄文時代に遡るのである．

(4) 半栽培と二次林

縄文人は森林植生に対しても積極的にはたらきかけ，有用樹種の育成や栽培あるいは半栽培を行っていた（図1.4）．半栽培とは，有用な野生植物を山野から持ち帰って住居近くに植え，粗放的に栽培することで，採集と農耕の中間段階にあたる（中尾 1977）．半栽培の開始は，人と森林の関係史における重要な転換点だっただろう．

縄文時代の集落の遺跡周辺には，人にとって重要な食物資源かつ木材資源であったクリの純林がしばしば出現する．縄文時代の人々にとって，クリは食料だけでなく木材としても有用な資源だった．当時は伐採に石斧が用いられてい

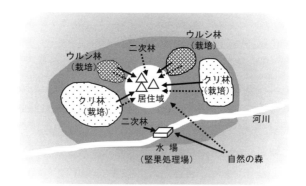

図1.4　東日本の縄文時代の集落における森林資源利用の模式図．能城・佐々木（2014a）を元に描く．当時の人々は自然の森だけでなく，集落周辺に設えた有用樹種の林や二次林からも，食糧（実線の矢印）や木材・木質資源（点線の矢印）を得ていた．

たが，クリは生木のうちは石斧でも伐倒しやすいのに，乾燥すると固く締まって丈夫な木材となるのである（鈴木 2002）．しかし，クリは自然状態では純林を形成する樹種ではなく，まとまった本数は得にくい．それなのに当時の集落周辺にクリの純林が出現し，その純林が集落の衰退とともに消失していることから，何らかの人為的な管理によってクリ林が形成・維持されていたと考えられている．また興味深いことに，遺跡から出土するクリの果実は野生のシバグリの果実より大きく，しかも縄文初期から晩期へと時代が下がるにつれて果実が大型化していることから，果実の大きさに対する人為選択が行われていた可能性が指摘されている（能城・佐々木 2014a）．

ウルシは漆器生産のために中国から導入された可能性が高いが（鈴木ほか2014），縄文時代前期以降にはすでに北海道から関東までの集落周辺に植栽され利用されていた．2章以降で頻出するクヌギについても，縄文時代における大陸からの導入を疑う説がある．

樹木の栽培（あるいは半栽培）に加え，集落周辺には，木材や薪炭材を採取するための二次林もすでに存在していたらしい．当時の集落遺跡からは，土木工事や建築の資材として，コナラ属やイヌエンジュ，ヌルデ，クサギなどの木材が出土する（能城・佐々木 2014a）．これらは攪乱環境を好む樹種で，二次遷移初期の若い林によく出現し，旺盛な成長をみせるが，遷移後期の林には少ない．これらの樹種は，当時の集落周辺に仕立てられていた二次林から採取されたものと考えられる．集落遺跡から出土した木材の多くが樹齢 10 年程度までの小径木であることも指摘されており（能城・佐々木 2014b），石器を用いて木材加工をする上でも，集落近くの二次林は使いやすい木材を提供する存在であったと考えられる．

利用される樹種には，当時の植生の状態を反映した地域性があったようである．たとえば，関東や東北の落葉樹林帯ではクリが重用されたのに対し，縄文時代の中頃には常緑広葉樹林帯であった列島南部では，イチイガシが代替となっていた（能城ほか 2014）．このように，縄文人は森林資源を多様な用途で利用し，それぞれの樹木の生育特性を知り，用途に合わせて管理育成する技術を発達させていた．

(5) 縄文時代の気候変動と耕作文化への移行

長い縄文時代の間には気候条件が変化し，それにつれて人々の暮らしが大きく変化していった．縄文早期に2万人であった全国の人口は，温暖化した中頃に最盛期を迎え26万人にのぼった．しかし，気温が低下した後期には16万人へ減少し，弥生時代との境にあたる晩期には8万人まで落ち込んだ（川幡2009）．それとともに人口集中地域も変化した．日本の人口は縄文時代を通じて，食料事情のよかった東北〜関東に集中していたが，縄文晩期には九州や中国地方に人口の中心が移り，東北地方などでは減少した．これ以降，江戸幕府の開基まで，西日本において森林への利用圧の高い時代が続くことになる．

前述のとおり，縄文人の食事メニューは動物質などの栄養価の高い食物を多く含んでいたので，コメに偏った食事よりずっと栄養価が高かっただろう．それでも，縄文人の歯には飢餓ストレスによって生じる痕跡（ストレスマーカー：エナメル質に残る成長阻害の痕跡）が，弥生人の歯に比べて非常に多く出現する（中橋 2012）．したがって，縄文時代には飢餓に苛まれる機会が弥生時代よりもずっと多かったらしい．というのも，森林生態系がもたらす食物資源は年によって生産量が激しく変動し，しばしば大変な不作となるからである．たとえば，ブナ科の堅果であるドングリは縄文人の重要な保存食とされているが，生産量の変動が大きく，豊作の年は少ない（3章のコラム4参照）．他の樹木の果実にしても同じことである．縄文時代を通じて，食料保存や半栽培の技術は徐々に向上していったようだが（能城・佐々木 2014a），それでも，年変動の大きい資源に依存しながら食料を安定的に確保するのは，特に気候の寒冷化した縄文晩期においては困難だっただろう．食料の安定供給という意味では農耕の方が，森の資源に頼った狩猟採集よりずっと優れている．おそらくその理由から，縄文時代末期から弥生時代にかけて次第に稲作が受け入れられていった．その意味で，農耕の導入は人々の生活に安定をもたらした一方，人と森林の関係を大きく変化させる端緒ともなった．

(6) 稲作・金属器の導入と森林開発圧の増大

紀元前8世紀頃に大陸から西南日本へ伝来した水田稲作の技術は，その後数百年かけて次第に日本各地へ広がっていった．

1.2 先史時代：古代の人為による森林植生の変遷   *15*

　稲作の広がりは，低湿地を覆う森林に少なからぬインパクトを与えた．縄文時代に関東地方の低湿地に優占していたヤチダモ–ハンノキ林は，縄文時代の終焉とともに急速に失われていったが，これは開田の影響であると考えられている（鈴木 2002）．また，当時の低湿地には天然スギの平地林が発達し，日本海側はもちろん静岡から岐阜にかけての太平洋側まで，広く分布していたことがわかっている（鈴木 2002）．スギは当時，丸木舟の材料として使われたほか，クサビのような素朴な道具でも薄く割ることができたため板材としても利用された（安田 2017）．開田の候補となる低湿地に分布し，しかも加工しやすかったスギは，稲作の展開とともに伐採・消費されて，その天然分布の多くを失ったと考えられる（鈴木 2002, 安田 2017）．

　稲作が導入されても，ただちに野生動植物の資源利用が停止したわけではない．特に北海道や沖縄地方では，気候的な影響もあってか稲作への依存は起こらず，漁撈・狩猟・採集と交易に基づく生活が継続されたために，弥生時代以降も永らく天然林が保全された．それ以外の地域でも，稲作と並行して野生動植物の利用は続いた．弥生時代には，食料や材料としてはもちろん，占いや祭事でもシカやイノシシの骨が使われた．重要な資源であったこれらの動物を獲るために，くくり罠（現在使われているのと動作原理は同じ）や，圧殺式の罠，踏むと槍が飛び出す仕掛けなども開発されている．狩猟と並行して家畜の飼育も行われ，特に人に慣れやすいイノシシは，後年肉食が禁忌とされるまで広く飼養されていた（西本 2010）．一方で，農耕の開始は人と野生動物の関係に新たな火種をもたらした．農地開発によって森林生態系が分断されると，その狭間に出現した新しい農耕地では，必然的に野生動物による農業被害が発生し始めた．ここに，農地をめぐる野生動物と人の攻防が幕を開ける．

　稲作の伝来に遅れて，大陸から鉄製の農器具も伝来した．古墳時代以降には製鉄も日本で行われるようになった．効率的な鉄製の刃物（斧）の登場は，森林の伐採を一気に加速させたと考えられている．鉄製の斧の導入は，縦の繊維の強い針葉樹の伐採に，特に威力を発揮したとされる（鈴木 2002）．日本列島は金属原料を含む地質に恵まれていたので，早い段階から金属器が自作されるようになったが，その工程にも森林資源は欠かせないものであった．金属を溶融し鍛造する熱源・還元剤として木炭が使われたのである（樋口 1993）．この

ような需要が生まれた点でも，金属利用技術の渡来は森林伐採を早めた．

　金属器で伐採を行えるようになると，容易に広大な農地を開墾でき，日用や製鉄に必要な薪や炭が十分に得られ，倉庫などの建造物も建てられるようになる．耕作が安定・拡大すれば人口も増え，さらに多くの農耕地や鉄器が必要となっただろう．このように，人間社会の発展と森林の消失は，互いに駆動し合う両輪となって，進んでいったと考えられる．

1.3　集権化と森林開発の進行

　中央集権的な律令国家が誕生し，6世紀に入って仏教が伝来すると，人と森林の関係には再び大きな変化が起こっていったと考えられる．

　支配者や宗教の台頭に伴い，政治的な意図を帯びた大規模な木造建築が次々と建造されるようになった．数々の寺社が建造された「古代の建築ブーム（タットマン 1998）」では，山野から巨大な天然木が次々と切り出された．このブームによる資源利用圧は，先史時代に行われていた倉庫や丸木舟などの制作とはまったく比較にならない規模であり，伐採対象地の天然林の姿を変えるほどの影響があったと考えられる．また，支配者の娯楽として，特権的な狩猟も行われるようになった．

　一方で，庶民の森林利用にも大きな変化が起こった．仏教によって動物（魚介類・昆虫を除く）が食卓から切り離されると，庶民にとっての動物の資源価値は低下する．野生動物はもはや食料ではなく，人間の安全や耕作を脅かす害獣と認識されるようになる．そして，森林生態系に対する世の中の関心は，食料供給から，肥料・燃料・飼料など植物性の生活物資の供給へと次第に移り変わっていった．

　これらのことは，支配層と非支配層との間で，森林資源への欲求に乖離が生じたことを意味している．権力者は建築用材（＝おもに針葉樹の高木種）や狩猟の場を支配し利用しようとし，そのほかの人々は日常生活や農業活動に供される雑多な資材を森林から得ようとした．これ以降，支配層と非支配層の資源利用への関心が，時に対立し，時に妥協し，時にはすり合わせられて，森林利

用と管理の歴史が展開していくのである.

(1) 支配者の資源：古代の建築ブーム

　古代には加工技術上の制限から，大規模な建築に用いる樹種はまっすぐで長大な幹材をもつ針葉樹が望ましかったので，山々から多数の天然の針葉樹（特にコウヤマキやヒノキ科の樹木，スギ）が伐出された．建築拠点の多かった畿内地方では，建築用材が盛んに伐採された．当時建立された寺院や巨大な木造の仏像には，現在は国宝や重要文化財として残っているものも多い．その巨大さには驚くばかりだが，それらを構成する木材の原木の大きさを考えるともっと驚かされる．針葉樹が直径1mの大きさに育つまでに，成長の早いスギでも200年，ヒノキやもっと成長の遅い樹種なら数百年はかかる．そのような成長の遅い材を次々伐採していったので，当然のように木材（長大天然材）はすぐに枯渇していった.

　有名な例の一つが滋賀県南部の田上山である（口絵1）．田上山は琵琶湖とそこから流出する瀬田川（淀川）の移行帯に近い山々で，かつてスギ，ヒノキの鬱蒼とした天然林に覆われていた．恵まれた水運の便により，古代から木材供給源として活躍し，7世紀の藤原宮造営や8世紀の石山寺造営にも多くの木材を供給している．その結果，田上山のスギやヒノキは枯渇し，木材生産地としての機能は失われていった．中世にはアカマツ（後述）が繁茂するようになり，江戸時代には「田上のはげ」という言葉が生まれるほど，その衰退ぶりが有名となった.

　田上山など畿内地方から始まった建築用材の伐採は，やがて紀伊・美濃・信州，鎌倉時代には伊豆・駿河・遠江へと広がっていった（太田 2012）．過剰な伐採によって森林が失われた地域では，水害などの問題も起こったとされる（タットマン 1998）.

　そうまでして建立した寺院であっても，木製であるからにはやがて改修の必要が生じる．俗に樹齢千年の木を使えば千年もつなどというが，そこまで耐久性の高い木造建築ばかりではないし，火災や戦災，自然災害もあるから改修は必須である．改修に必要な木材は，日本各地の奥山で探索され，かき集められた．鎌倉時代頃にはそれでも大径木が集められなくなってきたので，もともと

1本の巨木で作られていた柱を，細い何本もの材木の組木で代用する工事も，広く行われるようになった．そんな工法を実現した往時の木工技術には驚嘆するばかりだが，古代の建築を理想とする向きには，寄木での修繕はあまり評判がよくないようである．昭和に行われた薬師寺や法隆寺等の改修工事の際には，建立時に近い材料や技術で再建するために，わざわざ台湾の天然林からヒノキの巨木が伐り出されて使用され物議をかもした．いずれにしても，日本古来の木造文化は持続的な資源利用に基づくものとは到底いえなかった．

(2) 庶民の資源：多様な消費財

　支配者層の需要による針葉樹の大量伐採により，当時の森林景観には大きな変化が起こったと想像される．亜高山帯や北海道東部に現存する常緑針葉樹林では，ほとんど常緑針葉樹だけが上層を占めている場合が多い．林床はやや暗く，コケやシダなど湿度の高い場所を好む植物が覆う神秘的な空間だ．このような森から大径の針葉樹が切り倒されると，林冠が空いて明るくなり，林内の湿度が下がる．その結果，明るい場所を好み成長の早い，落葉広葉樹やササなどの植物が侵入しやすくなる．これらの植物は，明るい場所では常緑針葉樹より早く育つものが多いので，伐採前からあった針葉樹の稚樹（前生稚樹という）がよほど大きくない限り，森の中には次第に，後から生えてきた落葉広葉樹やササが増えていく．そうして成立した広葉樹やササの森は，人々の日用において，針葉樹の森より高い価値を発揮しただろう．広葉樹は薪になるし，ササは焚きつけ・家畜の餌・屋根材など幅広い用途に供されるので，権力者の用に供される針葉樹材などより，庶民にとってはずっと身近で有用な資源だったはずである．

　農地の開墾が奨励され，各地に農地が増えていくと，それらの農地に施す肥料の需要が徐々に増加する．人口が増えれば燃料となる草木の需要も増える．それらの用途に使われたのは，近隣の山野から収集された草本や，柴（木本の落枝や稚樹）などであった．よく昔話にでてくる「おじいさんは山へ柴刈りに…」というあのくだりである．開拓が進み人口が増えるほど，日用に必要な広葉樹林の面積も増える．針葉樹林の跡地に成立した広葉樹林は，人々の増大する欲求をよく満たしただろう．森林の利用圧が高い地域からは，こうして針葉

樹林が姿を消していき，広葉樹林に置き換わって，人々の日用に供されていったのではないだろうか．

1.4　中世まで：里山の形成と用材伐採の進行

　大化の改新（645年）以降8世紀頃までは，「公地公民」の原則によって，山沢や林野など自然資源は私有が禁じられており，それらは時の政府が公的に所有するものとされていた．8世紀以降の律令制度では，「山川藪沢之利公私共之（さんせんそうたくのり，こうしこれをともにせよ）」，すなわち国家（支配者）も民衆も山野の資源は共同で使用すべしという，自然資源一般をめぐる共有の原則が示された（秋道1999）．このような原則が成文化されたのは，支配者が墾田開発に乗り出し，その肥料の供給源ともなる山野を囲い込もうとしたことで，民衆との間で無視できない対立が生じたためと考えられる．しかし結局，その後9世紀を通じて，豪族や寺社による墾田と山野の囲い込みが進んだ．法的にも墾田に対する私有が認められ（墾田永年私財法，743年），農民と支配者との間で年貢をめぐる対立なども発生した（秋道1999）．

　平安時代後期になると，貴族や寺社が農地や農民を支配し荘園を築くようになった．中世に入ると荘園は，柴や草などの資源や水利権を確保するため，周辺の山野をも囲い込むようになっていった（水野2015）．しばしば，荘園と荘園，荘園と村落，村落の間で，用水や山林資源の利用をめぐって争いが起こった．この領有権争いの対象になったのは，後山とか近隣山と呼ばれる里に近い山野だけであり，里から遠く離れたいわゆる「奥山」は，異界とされ日常の利用には供されなかった（図1.5）．だが，やがて開発が進むと後山も耕地化され，奥山も徐々に伐り開かれて後山化していった．現在いう「里山」はこうして成立し，広がっていったと考えられる．やがて，武士の多くが中央の政治に携わるため領地を離れるようになると，残された領民たちが自分たちの利用する山野の掟を自主的に定め，村内あるいは村間で協定（入会協定）として取り結ぶ例もみられるようになった．

　一方，中世までには，長大な大径材が希少となったことを受けて，用材利用

図 1.5 中世の村落の概念的な構成．水野 (2015) を元に描く．図 1.4 と基本的な空間構造は変わらないが，この頃から資源利用の強化によって，土地の所有や使用権が明確に定められるようになる．

の技術が進んだ．ノコギリの利用が一般化し，板材や角材の加工，広葉樹の加工が容易になった（吉川 1976）．その結果，細かな部材を組み立てることで大きな造作物を作り上げたり，奥地の山林から木材を軽量化した上で引き出したりもできるようになった．安価な板材や角材の利用が広く普及するようになり，木材利用圧は高まっていった．急速な森林開発は畿内から周辺の人口密集地域へ広がり，戦国時代の末期には，西は中国地方東部や四国北部，東は関東西部までの各地で，領主による用材生産が行われるようになった（太田 2012）．

織田信長・豊臣秀吉の時代には巨大な城郭や寺院などの建築・再建が相次ぎ，城下町の建設が進められた．これらの事業に必要な用材を確保するため，秀吉の時代には各地の武将に出材が命じられ，九州，四国，中国地方や紀伊半島奥部などに残っていた大径材が切り出された（太田 2012）．また，秀吉は秋田地方の領主秋田実季に命じて，彼の地のスギ天然林から大量の木材を伐り出したことも伝わっている．これらの出材事業は，やがて諸国の森林において，商業的な用材生産が行われる端緒となっていった．

1.5 江戸時代：森林保全の試み

日本全国で積極的な森林資源管理が行われるようになったのは，江戸時代中期（18 世紀半ば）頃のことである．その時代以前はずっと，こと用材としての針葉樹資源については，場当たり的で粗放な利用が続いていた．それでも森林が維持され得たのはむしろ驚くべきことである．これは，本章の冒頭に述べた日本列島の気候的な特性（高い気温と豊富な降水）に加えて，人間の技術力や経済力が低かったためと考えられる（辻野 2011）．しかし江戸時代には，その

平和さゆえに，技術革新，産業（特に鉱業・冶金業，窯業，製塩業など燃材を必要とする産業）の振興，経済の発達，新田開発に伴う人口増加が加速度的に進行した．その結果，森林への利用圧がいっそう増加していき，ついには森林が消失していった地域も少なくない．

一方で，江戸時代の平和さと安定したガバナンスがなければ，きわめて困難な資源管理の取り組みを実現し，社会の崩壊を回避することはおそらく不可能だっただろう．江戸時代に開始された管理システムや開発された技術の多くは，後の時代の日本社会にも引き継がれ，形を変えながら生き続けている．

(1) 森林荒廃の深刻化

江戸幕府が開かれると，江戸をはじめ全国各地で城郭建築が実施され，城下町や交通網の整備も行われるなど（太田 2012），近世の建築ブームが到来する．建築用材の需要は急騰し，木曽や伊那などの山々から木材が切り出された．木材を扱う御用商人も登場し，官民相まって猛烈な勢いで天然林の略奪的な伐採が進められた．収穫が繰り返された山々は，やがて収穫可能な木材資源が枯渇する尽山と呼ばれる状態になっていった．この状況を，岡山藩の儒学者であった熊沢蕃山は「天下の山林十に八尽く」との言葉に残している．

必要だったのは建築用材だけではない．江戸時代には土木工事や鉱山開発も盛んに行われ，それらに使用される坑木や薪としても大量の木材が消費された．伊万里や九谷など陶磁器の生産に特化した地域も現れ，そうした地域周辺では，マツを中心に大量の薪需要があった．さらに，人口が増えればそれだけ塩の需要も増加する．瀬戸内海や能登半島など各地で製塩業が発達し，塩を煮詰めるための薪が遠隔地からも求められた．都市人口の増加は木炭の需要を高め，江戸で伊豆炭が使われるなど，木炭も広域に流通する商品となった．このように，木材への需要はかつてない水準に逼迫した．伝統的に桶や曲物などの木工品を特産としていた集落で，材料の針葉樹が枯渇し，やむなく広葉樹材で代用するようになった事例もあった（白水 2011）．

各地で人口が増加し，干拓や森林伐採により農地開発が進められると，日用に必要な柴や草の量はうなぎのぼりに増えていった．江戸時代には，現代人のイメージするような高木の生い茂る「森」の割合は地域全体の5〜30%程度に

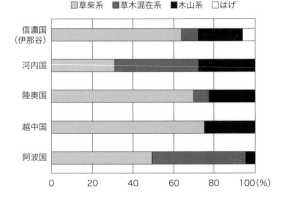

図 1.6 江戸時代前期における各地方の植生分類.
正保国絵図および郷帳(1644〜51頃)の記載に基づき,
各植生タイプに分類される村数の割合を,水本(2003)
が計算したもの.

すぎず,草や低木の茂る山の方がずっと大きな面積を占めていたとみられる(須賀ほか 2012；図1.6).資源収奪が激化した里山は,やがて貧栄養でも育つアカマツの林となり,さらにアカマツも消失すると草地化していった.

さらに,17世紀の半ば頃には灯火用のアカマツの伐採根が流通するようになり,柴刈りのついでに根株掘りが行われるようになった.樹木の伐採根には土砂流亡を抑制する効果があるので(3.1 節(6)も参照),根株掘りは林地からの土砂の流出を増加させ,土砂が河川に流れ込むまでになった.こうした悪影響は当時の人々によく認識されていたが,根株掘りが収まることはなかった.そのありさまを,熊沢蕃山は「五十年,三十年にては草木もありつかぬもの」と言っている(太田 2012).木を伐採した上に根まで掘り出された山からは表土が流失し,何十年も不毛の地となってしまう,というのである.根株掘りによる林地崩壊は,18世紀初頭までは畿内周辺で集中的に発生していたが,19世紀までには東北〜九州の広い範囲で発生するようになった(千葉 1991).

(2) 森林保護の機運

各地で用材資源量の減少が深刻化し,山野から流出した土砂で河道が埋まるなどの被害が多発すると,徐々に支配者層の懸念が高まっていった.17世紀

の半ば頃から，幕府や諸藩は森林資源の保護や育成に真剣に取り組むように
なっていった．たとえば，寛文6（1666）年に幕府が畿内周辺の諸領へ出した
通達「諸国山川掟」では，治水を目的として，草木の根は掘らないこと，無
立木地には木の苗を植え，焼畑を新たに作らないこと，などが命じられている．
この時代に各藩から領民へ出された類似の制令も多く存在する（千葉 1991）．

　この時代には，儒教の立場から森林政策を考える林政学という学問が支配者
層に流行した．前出の熊沢蕃山は，藩民の救済のために治山・治水の観点から
林政論を展開した人で，日本の林政学の祖として名高い．また，兵学者として
も有名な儒学者の山鹿素行は，幕府や藩など用材林経営者の立場から森林資源
の持続的管理を論じ，支配者層の支持を得た．彼らの影響を受けた学者たちの
助言も得ながら，幕府や諸藩は森林保護政策に乗り出していった．

(3)　森を守り育てる試み：植林，輪伐，留山

　熊沢蕃山や山賀素行の林政論は政策論で，実際的な森林管理技術を述べたも
のではなかったようだが，17 世紀末から18 世紀には各地で，支配者向けに森
林管理の技術指南書（山林書などと呼ばれる）が編纂されるようになった（芳
賀 2012）．これらの技術書では，地域の気候・地勢や山林資源の特徴に合わせ
た植林や，輪伐などの技術が提案された．

a.　植　林

　植林は17 世紀初頭には吉野や尾鷲など各地で試みが始まり（船越 1981），そ
れぞれの土地の気候や地形，地質の条件に合った方法が試行錯誤されていった．
18 世紀の後半には植林技術も確立し，後述の部分林の制度により労働力も確
保されたことから，植林の動きは全国に広がった．建築用材となるスギやヒノ
キなどの針葉樹を基本として，地域によってはクリ・ウルシ・ケヤキなどの有
用広葉樹も植えられた．風が強い地方では防風・防砂を目的とした植林も行わ
れ，特に塩害に強いクロマツはよく植えられた（コラム 2）．そうした植林の労
働力は庶民が担い，報酬として，植林した木の利用権や収益の一部を受け取っ
た．そのようにして成立した林を部分林と呼ぶが，この方式によって庶民は，
植林地における材木や柴などの資源利用権を得ることができた（芳賀 2012）．
部分林のような幕藩主導の植林と並行して，地元の百姓による自主的な植林も

行われた．百姓控林などと呼ばれるそれらの植林地は，水害や風害の対策と薪炭採取などの日用と，両方の目的に供された（田原 2012）．

コラム2　マツ科の植林と菌根菌

　クロマツは，古くから海岸の砂浜などに防風林・防砂林として植栽されてきた．アカマツは，ごく貧栄養な土地でも十分に成長し，古くから人々に利用されてきた．北海道に分布するアカエゾマツ（マツ科トウヒ属）は，ニッケルやマグネシウムを含む蛇紋岩土壌に，純林を形成することで有名だ．これらの樹木がきわめて過酷な環境で生育できる「超能力」は，樹木自身が持つ性質だけでなく，共生している菌の力でもある．

　大部分の樹木の根には，菌根菌と呼ばれる菌類（真菌）が棲んでいる．菌体が根の外側を包んでいる「外生菌根」や，菌が根の細胞内に侵入し増殖する「アーバスキュラ菌根」など，菌根菌にはさまざまな種類がある．いずれの場合も，菌と根は一体化して「菌根」という独特の器官を形成している．菌根菌は，植物の根に含まれる糖を吸収することでエネルギーを得て生活している．一方，植物の方も菌根菌からさまざまな恩恵を得ている．最も重要な恩恵は，養分の獲得効率が格段によくなることだ．菌根から伸びる菌糸は，植物の根や根毛よりもずっと細く長いので，地中に網のように伸び広がって効率よく養分を収集する．中には，有機化合物を分解する能力を備えている菌根菌もいる．それらの養分が菌根からもたらされるため，共生している樹木の成長速度は飛躍的に高まる．というよりもじつは，森林の樹木の多くは，菌根を形成しなければほとんど成長できない．そういう意味では，すべての樹木が菌根共生によって，それなりの超能力（？）を得ているともいえる．

　クロマツやアカマツ，アカエゾマツ等と共生している菌根菌は「外生菌根菌（ectomycorrhizal fungi）」の仲間である．外生菌根菌はマツ科，ブナ科，フタバガキ科（熱帯で優占する種類）などの限られた樹種と共生する，菌根菌の中でも高性能なグループである．外生菌根菌の菌鞘（根を包んでいる部分）は，分厚い緩衝材のように根をくるみ，物理的な損壊，毒，病原菌への感染などから保護している．特に，クロマツと共生している外生菌根菌類の中には，高い塩分（NaCl）濃度下でも成長が低下しない菌種が複数知られている．これらの菌類が根を土壌中の塩分からガードし，かつ，乾燥した貧栄養な土壌中から水分や養分を効率よく収集してくることで，海岸でのクロマツの生育が助けられ

ている．アカエゾマツも，他の樹種よりも外生菌に感染しやすいことが知られており，それによってニッケルやマグネシウムの吸収が抑えられている可能性が指摘されている（香山2006）．ちなみに，スギやヒノキと共生するのはアーバスキュラ菌根菌の方で，外生菌根菌ほど高度な能力は備えていない．

江戸時代，荒れ地に植えたマツが根付いたとき，人々はその恵みに感謝したことだろう．しかしその頃，植林成

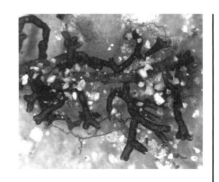

図　クロマツの菌根（黒い部分）．
写真提供：松田陽介（三重大学）．

功の真の立役者であった菌根菌は，人知れず草鞋に踏まれ続けていた．まさに「地上の星」である．さすがに近年では植樹の際に，対象樹種に適した菌根菌の存在が意識されるようになってきた．菌根菌は他の生物と同じように，温度や降水量，pHなどの環境条件，過去の地歴等によって分布が制限されており，どこにでもいるわけではない．樹木を植えてもうまく育たない場合，適した菌根菌がいない可能性が考えられる．そのようなときには，原産地の苗を土ごと移植することで，植樹が成功する例もある．熱帯林におけるフタバガキ科樹木の激減や，3章で述べるマツ枯れ問題が深刻化する中，菌根菌を利用した植林は大きな可能性を秘めている．

一方で，じつは菌根菌にも絶滅危惧種が多くいて，樹木との共倒れを防ぐためにも，保全の必要に迫られている．今後は，樹木だけでなく「地上の星」菌根菌の多様性保全も，重要な課題となっていきそうだ．

b. 輪　伐

輪伐とは，山林を一定面積の多数の区画に細分し，一年ごとに順番に伐採（収穫）していく方式のことである（図1.7）．伐採年にあたらない区画は伐採が留保され，その間に樹木が成長して徐々に資源量が回復する．最後の区画を伐採し終わると，翌年は最初の区画を伐採するが，最初の区画の資源量はその時までに回復している．こうして，森林全体の木材資源量を損なうことなく，永久に木材の収穫を続けられるという発想である．このしくみは，用材生産にも燃料材生産にも同じように適用できることから，江戸時代から昭和にかけて幅広

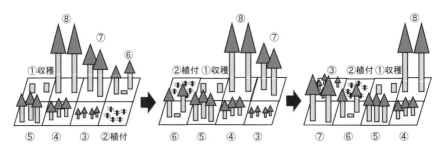

図 1.7 輪伐の概念図（用材林で植林も行う場合）．
実際には，植付から収穫までは数十年かかる．上図では区画内ごとに皆伐しているが，サイズが不揃いな天然林で実施する場合は，区画ごとに択伐（大木だけ伐採し，他の木は残しておく）して，比較的短期間で次の収穫に至った場合が多かったと思われる．

い場面で採用されていた．ここで，輪伐による資源維持が成功するためには，森林の回復速度の正確な見積もりに沿って収穫制限を設定し，その制限を遵守する必要がある．しかし，そのようにして決められた収穫制限は，藩の財政や庶民の生活が苦しくなると，何かと言いわけをつけては破られる傾向にあった．特に針葉樹は，自然条件下での実生の定着成功率や稚樹の成長速度が低いという問題があって，ただ伐採を停止しているだけでは，なかなか資源量が回復しない．そこで，針葉樹の用材林では輪伐と植林を併用したり，収穫量をほぼ禁伐に近い状態まで引き下げたりすることが行われた．それでも，植林がうまくいかない，植林された苗の成長が芳しくない，収穫制限が遵守されないなどで，輪伐による用材林管理は失敗に終わる例が多かったようである．輪伐による用材資源管理は，ドイツ林学が導入された明治期以降も頻繁に試みられたが，日本では残念ながら経済的に成功した事例はない．

c. 留山と留木

寛文期（17 世紀後半）以降には，一定地域内での樹木の伐採を禁止する禁伐の措置も，多くの地域で施行された（田原 2012）．用材資源を保護するために設定された禁伐区を一般に留山，山林の所有に関係なく樹種を指定して伐採を禁じた方策を留木という．中でも有名なのは，当時は尾張藩が所有していた木曽山の事例である．木曽山はヒノキの広大な天然林を擁し，古来，寺社建築などの用に良材を供出してきたが，江戸時代には幕府と尾張藩の重要な木材供

給地となって領民による樹木の伐採が禁止された．用材資源の豊富な森は，幕府や藩が直轄する「御林」に設定され，公儀以外での利用はいっさい認められなくなった．用材資源として特に重要なヒノキ・アスナロ・サワラ・ネズコ・コウヤマキの5樹種は木曽五木と呼ばれ，御停止木，すなわち幕府や藩以外は伐採できない樹種に指定された．領民によるこれらの樹種の伐採は，尾張藩の領内ではたとえ入会林や個人の屋敷林でさえ，いっさい許されなかった．その規制の厳しさは「枝一本（盗んだら）腕一本，木一本（盗んだら）首ひとつ」と伝えられるほどで，実際に死刑や追放などの厳罰が行われたこともあるようだ（白根 2012）．ただ，制度の設定当初こそ禁伐が徹底されたものの，領民のストレスが非常に大きかったことから，徐々に罰則が軽減され，限定的な利用が許容されるようになっていったようである．

d. 巣鷹山

将軍や領主が鷹狩りに用いる鷹の雛を捕獲するための「巣鷹山」とか「巣山」と呼ばれる地域も，前述の木曽山を含む全国各地に設定されていて，これは一種の自然保護地域であった．猛禽類である鷹が繁殖するには，営巣に適した大木，巣材となる柴木やササ，餌となる小型〜中型の哺乳類や川魚などが必要である．そのような条件にかなう自然度の高い森林が巣鷹山に設定され，いっさいの人為利用が禁じられ，そこで生まれた巣鷹（鷹の雛）が捕獲されて，権力者の鷹狩りに用いられたのである．鷹の生活圏は広いので，保護区の面積も広域にわたったようである．たとえば，信州秋山郷周辺（現 長野県栄村）に設定されていた5か所の巣鷹山の総面積は 86 km² 超もあり（荒垣 2011），これは現在日本で5番目に大きい湖である中海（島根県）に匹敵する広さである．この地方の旧巣鷹地域では，いまでも樹齢の高い大木をみることができるそうである．ただし，巣鷹山のガバナンスも万全ではなかったようで，周辺の領民が入り込んで薪炭を採取したり，隣接する藩からの領域侵犯・盗伐が行われたりすることも度々あったという．

e. 土砂留山や水目林

西日本を中心として深刻だったはげ山の進行に対して，「土砂留山」や「土砂山」，「砂除山」などと呼ばれる土砂流出を防止するための保全林が置かれた．一方で東北地方を中心に，水源涵養を主眼に置いた保護林も設定された．これ

らも「水目林」,「田山」,「用水林」など各地で多様な呼び名があった.

　江戸時代（近代）に開発された植林,輪伐,禁伐区の設定などは,いずれも近現代まで受け継がれてきた技術や制度である.特に,土地の気候条件や地理・地質に適した樹木を育成する「適地適木」(2.2節(1)を参照) の概念や技法は,試行錯誤の経験知に基づきながら,現代の科学的な再評価にも堪える水準のものである.筆者らのような研究者でも,林業現場で口伝的に継承されてきた技術に学ぶことはいまだに多い.そのため江戸時代を,日本の森林資源利用が収奪的林業から育成林業に移行した時期,と評価する向きもある (タットマン 1998).

　ただ,それらの努力にもかかわらず,森林生態系とその資源の消失が完全に食い止められることはなかった.植林地が成林する速度より伐採速度の方が高かったり,輪伐区の収穫制限が破られたり,利用の欲求に負けて禁伐が緩和されたり,といった事例は多く発生した.アクセスの悪さゆえに保存されていた奥山の大木も,伐木運材技術の進展とともに伐採されていった.さらに,地球の気候が全体に寒冷化した江戸時代後期には,災害や飢饉が多発し,幕府や領主が緊急援助として禁伐区を開放する事例が相次いだ (太田 2012).こうして,江戸時代を通じて高まっていった森林利用への欲望は,やがて江戸幕府による統治が終わりを告げると,急速に加速していくことになる.

1.6　明治～昭和前期における木材消費の拡大

　江戸時代の後半を通じて,日本の人口は 3000 万人強で頭打ちとなっていた.これは,鎖国体制の下,国内で得られる物資や資源だけで生活せざるを得なかったからだと指摘されている (鬼頭 2000).この状況は明治以降一変した.それまで食料生産基地ではなかった北海道で広大な水田が開発され,果樹栽培や酪農の導入によって林野の少なからぬ部分が食料生産基盤に変わった.また,貿易で得られる新たな肥料（南米から輸入されたグアノ＝海鳥の糞の堆積物,遠洋漁業で獲られた魚粉,化学肥料など）の導入によって,農業の生産性が飛躍的に向上した (タットマン 2018).このように,開国が原動力となった食料の

増産によって，日本の人口は急激に増加した．明治維新後まもない 1870 年代はじめ頃には 3300 万人ほどであった人口は，1890 年には 4000 万人，1910 年代中頃には 5000 万人，1940 年には 7000 万人を超えた（タットマン 2018）．70 年，つまりヒト 3 世代ほどの間に，2〜3 倍の人口増加をみたのである．

　生物圏における物質移動の観点からは，開国とは，日本という小さな島国に生きるヒトが，地球上の広い範囲から生活資源を得るようになったことを意味する．海外から資源を得られるようになると，日本国内の森林資源への圧力は弱まりそうに思われるが，実際にはそうはならなかった．以下にも述べるように，1960 年代までの日本人の暮らしは家屋建築から日用品，家庭での燃料に至るまで，木質資源に多くを依存していた．そのような社会では，人口の増加は木材利用圧の強化に直結したからである．

(1) 開国・産業化に伴う木材消費の急増

　明治期から昭和初期にかけて，産業の発展と社会インフラの整備のため，木材の内需は拡大の一途をたどった（山口 2015）．社会インフラ整備に必要な資材は，当時はほとんど木製だった．鉄道線路の枕木には腐りにくいクリやヒバ，ヒノキが多用されたし，電柱の多くは 30〜40 年生のスギの丸太だった．鉱山開発に欠かせない坑木には，カラマツなどマツ科樹木の細い丸太が利用された．日本製の産業機械では，鉄の代わりにより安価な木材を代替材として使用していた．産業用のエネルギー源にも木質燃料が使われた．産業用エネルギーは 20 世紀に入ると徐々に石炭へと切り替えられたが，養蚕や製糸・製茶などの在来産業では木質燃料が使い続けられた．産業・開発用途に加え，庶民の生活物資としても木材はいぜん重要であった．江戸時代から引き続き，家具・建具・日用品の材料などの生活資材や建築資材は木材だった．流通網が発達すると，商品の輸送に不可欠な梱包材としても木材が多用された．家庭用の燃料もいぜん薪や炭であって，その使用量は庶民の所得が増えるとともに増加していった．こうして，産業，開発，日常生活のいたる場面で木材が消費され，日本の近代化を支える屋台骨となっていった．

　明治時代には木材の国際貿易も開始された．第一次大戦後までの日本は主として木材輸出国であり，輸入材は国内消費量の 1％未満にすぎなかった．この

とき主要な木材供給源とされたのが北海道や樺太である. 新たに明治国家の「領土」となった北海道には膨大な原生林が広がっていた. 伐採と搬出に費用を投じるだけで膨大な量の木材を収穫できる原生林開発は, 安価な木材生産の手段となった. さらに 1905 年, 日露戦争の終結によってそれまで全島ロシア領となっていた樺太の南半分が日本の領土となり, 北海道と同様に重要な木材生産基地となった. 北海道や樺太の原生林から伐出された木材は, アジアの市場で重要な位置を占めるようになった (山口 2015). それらの木材は, アジアの新たに獲得された植民地の開発にもあてられた. 木材輸出の最盛期であった 1920〜30 年頃には, 年あたり 1100 万〜1390 万 m³ (東京ドーム 9〜11 個分) もの木材が国外 (特に中国) へと輸出されていた.

膨張を続ける内需と, 国際市場への木材供給を満たすために, 森林の成長速度を大幅に超過する量の伐採が展開されていった. 1880〜90 年代には年あたり 17 万〜20 万町歩 (ほぼ 17 万〜20 万 ha) であった伐採面積は, 年を追って増加し, 第一次世界大戦後の「大戦景気」の時代にはじつに 52 万町歩 (現在の東京都の面積の約 2.4 倍) を記録した (山口 2015).

こうして, めまぐるしい近代化と多国間貿易の活発化, 急速に成長する人口, 新たに獲得された植民地の開発といった流れの中で, 近代までにストックされてきた国内の森林資源は急速に消費されていった.

(2) 輸送技術の発達と森林利用の拡大

明治以降の日本では, それ以前とは比較にならない速度で森林資源が消費されていったが, この急速な資源収奪を可能にしたのは, 伐採・輸送技術の目覚ましい発達である.

木材は重量物であり, かさばる資材でもあるので, 流通しうる範囲にはどうしても輸送上の制約がはたらく. 明治初期 (1880 年頃) まで, 木材流通の主役は水運 (流送) であった. 山で伐採された木材は谷筋に引き下ろされ, 流量の安定する中下流域で筏に組まれ, 河口の港湾まで流送される. そこで船に積まれ, 海運によって遠く離れた大都市まで運ばれていた. 明治に入って蒸気機関やのちの時代に内燃機関 (エンジン) など動力を備えた船舶が登場すると, 水運はさらに発達した. 長距離輸送がより容易になったおかげで, 前述のよう

な海外への木材輸出も可能となった.

　水運の発達以上に国内の森林利用に強いインパクトをもたらしたのは鉄道である.水運の場合,渓谷・河川の流量や地形など所与の自然条件によって伐採・集材の可能な範囲が限られていたが,鉄道は沿線の木材を市場に送り込みながら伸展し,やがては後述のように森林資源を積極的に開発する手段として活用された.日本の物資輸送の幹線となる長距離鉄道路線は,1889年に東海道線が,1891年に上野-青森間が開通するなど,明治時代後半に目覚ましく発展した.鉄道沿線の地域は遠く離れた木材市場へバイパスでつながれたような状態になり,それまで大市場への林産物移出を望めなかったような地域も一躍,木材生産地として発展することになった.くわえて,こうした地域は,枕木材,一般用材,薪や炭に至るまで,大きな林産物需要にさらされた.

　ここで木炭を例に,輸送手段の発達に伴う林産物の主要生産地の移り変わりをみてみよう.自然力(位置エネルギーと風力)とせいぜい非力な人力に頼る水運が主流だった明治7(1874)年には,京都府,敦賀県(現在の福井県にほぼ同じ),広島県,石川県,足柄県(現在の神奈川県西部および伊豆),熊谷県(現在の埼玉県西部および群馬県のほぼ全域)など,比較的大都市に近い府県(当時)で木炭の生産高が高かった.しかし,鉄道の敷設が進んだ1910年には北海道,福島県,岩手県,宮崎県,高知県など,東京や関西の大都市部から遠く離れた地域に木炭の主要産地が移っている.このように,鉄道網の発展に従って林産物は遠隔地へと運ばれるようになっていった(全国燃料会館1960;図1.8).

　さらに,鉄道はより積極的な森林開発の手段としても使われた.1909年には国内初の森林鉄道である津軽森林鉄道が敷設された(矢部2018).これは青森ヒバ(高級な建築用材となるヒノキアスナロのこと)の需要拡大を目的に敷設されたもので,その延長距離は幹線だけで67kmにも及んだ.同様に,十勝三俣(北海道)や魚梁瀬(高知県),屋久島(鹿児島県)などの豊富な木材量を擁する森林にも,木材の宝庫に切り込むように森林鉄道が敷設されていった.これらの森林鉄道は,しばしば既存の鉄道路線と接続したり,海運と組み合わせられたりして,大消費地へと大量の木材を供給していった.

　こうした明治後半以降の鉄道網の進展は,当然ながら,森林資源への利用圧を高める決定打となった.江戸時代に技術的制約から伐り残された奥山のうち

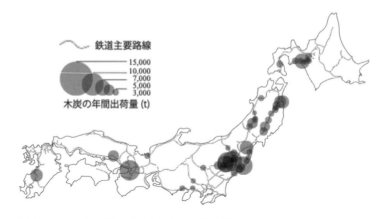

図 1.8　大正元（1912）年度における鉄道網と木炭の主要発送駅．全国燃料会館（1960）を元に筆者作図．年間 3000 t 以上を発送する駅を図示した．

かなりの部分が，輸送技術の力によって伐採可能圏に組み入れられていった．

(3)　森林伐採・木材加工の技術的変化

さらに技術の観点から，明治以降に起こった木材資源利用の変化をみていこう．大木を伐採できる道具であるノコギリは中世までには使われていたが，ノコギリを使用した伐採は江戸時代を通じて禁じられていた．伐採道具を音が響きやすい斧に限定することで，不法な盗伐を予防していたのである．しかし幕藩体制が崩れると，1868 年には伐採や，伐った木の玉切り（丸太の寸法を切りそろえること）にノコギリを使用することが許可された（タットマン 2018）．これにより，斧での作業に比べて飛躍的に効率がよくなった．また，1870 年代には製材所が日本に紹介され，水力を利用した製材所が各地に建設されるようになった（タットマン 2018）．伐採現場の近傍に製材所が置かれると，縦挽き鋸や手斧を用いていた時代と比べてより容易に，効率的に木材を搬出できるようになったはずである．これらの近代技術がもたらした，木材資源を収穫し，加工し，搬送する能力の飛躍的な向上は，森林資源を枯渇へと導く導火線となった．

(4) 用材林の拡大と入会林野・焼畑地の縮小

　当然ながら，急速な木材の消費は，森林のもつ水源涵養や表土安定化の機能を著しく弱体化させた．これらの「国土保全」機能の喪失が議会で取り上げられるようになると，明治30 (1897) 年には「森林法」が発布され，森林の保護・育成の取り組みも行われるようになった (芳賀 2015)．この明治30年森林法は，保安林制度や森林警察を規定することによって過度な森林伐採を規制する内容だった．しかし，木材生産の活発化に対する期待は大きく，森林法は早くも明治40 (1907) 年に改正され，木材資源の造成を積極的に促す方向に転換した．(船越 1981)．

　林業現場では，江戸時代までに培われた技術や制度を一部踏襲しながらも，先進的な育成型林業を行っていたドイツの森林管理が盛んに模倣されるようになっていった．そのような試みの一つが，針葉樹人工林の造成である．

　造林用の樹木として針葉樹が重用されたのは，針葉樹の需要がとにかく高かったためである．明治～昭和初期における木材の最も重要な用途は建築であり，建築用材としては針葉樹材が最適だった (2.1 節(2)参照)．また，針葉樹は防腐物質の含有率が高く腐りにくいことから，建築用以外の資材としても好まれた．さらに，当時の技術では広葉樹材から紙を作るのが比較的難しかったので，パルプ用材としても永らく針葉樹が用いられていた．針葉樹の資材が不足すると広葉樹材で代替された場合もあったが，広葉樹材は（よほどの大木でなければ）市場価格はずっと低かったようである．明治～昭和期の政府や林業者は，このような針葉樹への高い需要が将来も続くと予想した．そこで，雑木（市場価格の低い樹種をひっくるめて呼ぶ言葉）からなる全国の広葉樹林や針広混交林や，草や灌木しか生育していない原野を，針葉樹だけの林に「改良」しようとした．このように，もともと造林地でなかったところに造林することを「拡大造林」という．この「拡大造林」が，現代の日本全国に広く分布する針葉樹人工林の起こりである．植林の際には気候条件への適性を考慮して，本州以南ではスギとヒノキ，北海道ではトドマツとカラマツ，長野県や東北地方北部ではカラマツがそれぞれ，おもに植えられた．

　明治19 (1886) 年にヨーロッパの技術に倣った森林経営が国有林において先駆的に取り組まれると，以後，国策として精力的に人工造林が進められるよう

になった．人工造林は，国土保全のための緑化と結びついた形で，また，地方自治体による財政力強化を標榜した形で推進された．

　こうした中，特に変化を迫られたのが，入会林野である．入会林野とは，近世以降，地域住民の農業経営や日常生活を支えるものとして住民の自治により利用されてきた林である．入会林野は，緑肥を生産するため無立木地（草原）となっているところが多く，木が生えていても薪炭として若齢のうちに収穫されるため，木材供給地としての価値は低かった．また，入会林野では焼畑や採草地の管理のため，しばしば火入れが行われていた．このため，政府や森林技術者からすると，森林荒廃の元凶であり，（国家経済的には）生産性の低い利用形態であるとみなされた（柴崎 2019）．しかも，入会林野の「林」に相当する薪炭林はいぜん燃料需要を支え続けていたものの，「野」に相当する草地は，刈敷などの緑肥に代わって干鰯や油かすなどお金で購入する金肥が普及していったことにより，徐々に存在意義を失いつつあった．このような理由で，明治後期には，入会林野を市町村の行政財産に統合した上で，市町村に造林させようとする政策がとられた．さらに大正時代になると，公有林野に国が主体となって造林する制度（官行造林と呼ばれる）まで設けられた．こうして入会林野の人工林化が急速に進められていき，それ以外の原野も，桑畑や果樹園など現金収入を得るための土地利用に転換されていった．

　入会林野のほかにもう一つ，戦前期の拡大造林に大きな役割を果たしたものとして，焼畑がある（2.2 節(3)参照）．山への火入れを伴う焼畑は森林荒廃の元凶と考えられ，治水上も無視できない存在だったが，それでも山岳地帯の山村や東北の山村に暮らす人々にとっては，主食を確保する上で不可欠な手段だった．しかし明治以降の焼畑経営では，自給的食糧生産だけでなく換金作物も生産されるようになった（藤田 1981）．たとえば，農作物の間にコウゾ，ミツマタといった和紙原料植物やチャノキ（低木）も植えておき，農作物だけでなくこれらの商品作物をも収穫する．両方の収穫を終えた畑はしばらく自然の遷移にまかせ，休閑林（天然林）とする方式である．この方式が転じて，休閑林として休ませる代わりにスギやヒノキを植え，将来の現金収入源としようという試みも起こった（造林前焼畑）．昭和11（1936）年に農林省山林局が行った「焼畑及切替畑ニ關スル調査」によると，スギやヒノキの植栽を最終的な目的とし

た造林前焼畑が，関東や西日本において盛んに行われていたようである（図1.9）．このように，焼畑は拡大造林を進める手段としてはたらいた側面がある．

戦前期の拡大造林をまとめてみると以下のようなことがいえるだろう．まず，海外の科学的な知見を取り入れた森林経営方法が国有林で先駆的に取り組まれた．その後，民有林（私有林＋公有林）で，かつて緑肥の採取などに使われてきた里山を舞台に広く造林が展開するようになった．この時，民有林での拡大造林は，従来の林野利用形態との兼ね合いから，原野や焼畑などいわば人の居住エリアの比較的近傍に限定されていた．この点で，戦後に起きた一部の拡大造林がどのように異なっていたかは，後に検討しよう．

こうした人工造林への努力にもかかわらず，残念ながら植林は，木材資源の消失を補填することはできなかった．明治〜昭和初期のほとんどの時期にわたって，造成された人工林の面積は，伐採された森林面積の4割程度にすぎなかった（山口 2015）．前述したように，北海道や樺太では開拓事業と一体化した広大な原生林伐採が進行しており，本州以南でいくら造林に努力を払ったところで，失われた森林面積は補償できなかった．さらに，軍が政治を左右するようになった1930年代以降は，伐採面積の2割程度の面積しか植林が行われなく

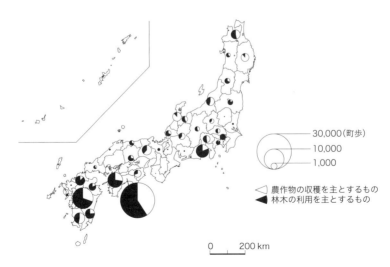

図1.9 昭和初期における焼畑の分布．
　　　農林省山林局(1936)を元に筆者作図．

なった．そもそも，伐採跡地にいくら速やかに植林を行ったとしても，植えた針葉樹が成長して収穫できるまでには 30 年以上の時間がかかる．そのため国産材資源の補充は消費にまったく追いつかず，国内の森林面積と木材蓄積は急速に失われていった．

(5) 戦前日本の木材貿易

明治の末頃から，日本は大量の外国産材を輸入するようになった．北海道や樺太で伐採した木材を海外へ輸出する一方で，海外から木材を輸入してもいたのは，国産材では満たせない需要があったためである（会田 1951）．日本では特に 1920 年代以降，サイズの大きい国産木材が確保できなくなっており，その需要を満たすように外国産材の輸入量が急増していった（図 1.10）．フィリピンや英領ボルネオからの「南洋材」や北米からの「米材」は，品質がよいばかりか価格も安く，日本や植民地へ大量に輸入された．当時日本で盛んだった造船や車両（自動車，鉄道車両）の製造には，細く短い国産材ではまったく不適で，太く長い米材や南洋材（特にチーク）が不可欠だった．また南洋材であるラワンも，おもにベニヤ合板の原料として大量に輸入された．

輸入木材を用いて生産された船舶や列車車両，ベニヤ板などの加工品は，国内で消費されるだけでなく世界の市場へも輸出された（会田 1951）．車両はイギリスやオーストラリア，ベニヤはヨーロッパ向けに輸出された．つまり，大正時代から第二次世界大戦前の日本では，木材を輸入し木製品を輸出する加工貿易が重要な産業として営まれていたのである．昭和 12 ～16（1937～41）年に日本で生産されたベニヤ板の面積は年間 7 億平方尺（JR 山手線ほどの範囲），その約 30％が輸出用だったというから，産業規模の大きさがわかるだろう．このような木材加工貿易

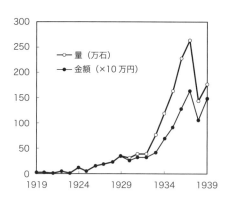

図 1.10　大正～昭和初期にかけての南洋材輸入量の変化．木材の場合，1 石は 10 立方尺 = 0.278 m³．

は，当時は世界中で営まれていた．第二次世界大戦前夜の南洋諸国には，フィリピンにはアメリカ，インドネシアにはオランダ，タイにはヨーロッパと，先進国の企業が続々と進出して木材伐採権の確保に励んでおり，日本もこの争奪戦の中で奮闘していたようである（高山 1941）．現在も続く東南アジア熱帯林の急速な消失は，この頃に始まったといえるだろう．日本による環太平洋地域からの木材輸入は満州事変後の経済封鎖によりいったん中断したが，第二次世界大戦後に再開され，現在に至っている．

(6) 二度の大戦とはげ山の拡大

二度の世界大戦は，それぞれ異なる形で国内外の木材利用に大きな影響を与えた（山口 2015）．第一次大戦中は，軍需による木材利用はそれほど多くなかったが，大戦後の 1915〜20 年には戦勝の影響で空前の好景気（大戦景気）が到来し，国内の木材需要が急増した．当時の国産材の資源量ではこの需要を満たせなかったため，一時的な関税減免措置が講じられ，北米や沿海州などから大量の木材が輸入された．南洋材貿易も開始され，1930 年代にはフィリピンや英領ボルネオから輸出されたラワン材の半分以上を日本が輸入するに至った．一方，日露戦争後に日本領となった南樺太からも，本土や満州などの植民地へ大量の木材が移入された．樺太では，中央政治の利権と絡んで違法伐採や不正な払下げが横行し（樺太林業史編纂会 1960），盗伐や濫伐によって多くの木材資源が失われたといわれている（山口 2015）．

第二次大戦時は，軍需によって木材利用圧がきわめて高い状態になった．政治における軍の力が強まっていった 1930 年代以降は，木材の軍事利用が急速に増加し，他の需要を圧迫していった．木材の軍需利用は，1930 年代以前は木材内需の数％程度にすぎなかったが，1940 年代には木材内需の 40％前後を占めた．折しも満州事変以降は，国際社会からの経済封鎖により外材の輸入が停止し，日本は国産材に頼らざるを得なくなっていた．そこで軍は，第二次世界大戦が勃発した 1941 年から木材統制法のもとで強制伐採を行うようになり，あわせて木材の生産・流通・消費をすべて軍の統制下に置いた．さらに 1944 年には，軍は林野所有権を無視して兵力伐採を実施するようになっていた．

まさに太平洋戦争の直接的なきっかけとなった，1941 年の石油の対日輸出

図 1.11 薪を代替燃料に使ったバス．富士急行 50 年史編纂委員会（1977）より．

全面禁止は，燃料としての木材，つまり薪炭についても需要逼迫に拍車をかけた．日本国内でも石油の生産は行われていたが，当時の消費量からするとそれは微々たるものにすぎなかった．そして，石油の輸入が禁止されると，薪や木炭は家庭用の燃料にとどまらず，石油の代替燃料としても利用されるようになった．たとえば，木炭自動車や薪自動車が開発され，運行された（図 1.11）．このような石油の代替燃料としての薪炭利用は自動車に限らず，工場などの燃料としても重要性を増していったと考えられる．戦時中の木炭生産量に占めるガス炭（内燃機関の燃料として可燃性ガスである一酸化炭素や水素を発生させるために用いられた木炭）の割合は，1941 年に 5.5%，42 年に 10.0%，43 年に 12.6% と，年々その重要性を増していった．

さらに，松根油と呼ばれるマツの根から生成した油を飛行機の燃料としたことは有名な話である．1.5 節(1)で述べたように，松根油を得るためにマツの根を掘り起こして採取することは，決定的な森林荒廃を招く．そのように山地保全上リスクの高い資源利用に対して，1944 年には巨額な公費が投じられ，増産がはかられた（船越 1981）．

こうして，二度の大戦の期間を通して，日本国内と周辺国や植民地の木材資源量は急速に減少した．第二次世界大戦が終結した頃には，伐採可能な国産材はほとんど残っていなかったとの評価もある（山口 2015）．事実，太平洋戦争末期の 1944 年から 1945 年にかけては，伐採面積は増加したにもかかわらず，伐採材積は半分程度に落ち込んだ（船越 1981）．こうした状況は，森林資源の劣化が相当に進んでいたことを物語っている．

1.7 第二次世界大戦後の日本社会と森林利用

第二次世界大戦後，日本の社会構造は大きく変化し，日本人の森林利用のあり方も一変した．建築用材資源の需要が急増した一方で，薪炭利用が急激に廃れるなど，有史以前から伝統的に営まれてきた庶民の森林利用が後退していったのである．

(1) 建築需要と拡大造林

戦中を通じて行われた森林資源利用はまさに搾取というべきもので，その後に残ったのは，日本人がこれまで経験したことのないような林地の荒廃であった（図 1.12）．1947 年のカスリーン台風，1948 年のアイオン台風の襲来が各地に壊滅的な被害をもたらすと，森林荒廃が国民の生命・財産に与える脅威が広く認知されるようになった（総理府資源調査会 1952；図 1.13）．そこで 1945 年には森林資源造成法，1950 年には造林臨時措置法が制定され，荒廃地の復旧と水源地帯の造林がはかられた．

さらに追い打ちをかけるように，戦後復興に伴う建築ラッシュが到来した．

図 1.12 戦後まもない時期の森林荒廃のようす．
国土地理院「地図・空中写真閲覧サービス」より，神奈川県秦野市付近の上空より 1946 年 2 月 13 日米軍撮影．

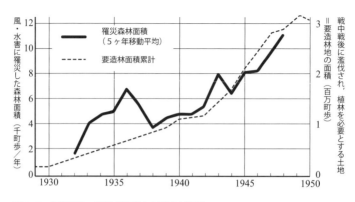

図 1.13　終戦前後の要造林面積と罹災森林面積．
総理府資源調査会（1952）に一部加筆．戦中戦後の濫伐による要造林
面積と風水害で罹災した森林面積は連動するように増えていた．

公共建築や工場の建設が相次ぎ，占領軍の軍需資材としても木材への需要が高まった．戦争中に多くの住宅が焼失していたところへ，戦地や植民地から人々が戻り，日本中の都市が深刻な住宅不足に陥った．

　この用材需要の急増に対応するために行われた木材増産政策が，いわゆる拡大造林政策である．拡大造林には，草地やはげ山に植林を行い，用材生産用の針葉樹人工林に育成した場合もあったが，戦中の搾取をかいくぐって残った奥山での収奪型伐採とセットで植林を行った場合も多かった．ここに，戦前の拡大造林とは一線を画する，戦後の拡大造林の特徴があるといえる．このあたりの事情を少し詳しくみてみよう．

　戦後復興により日本経済は急成長を遂げ，昭和30年代の高度経済成長期に入ると木材需要はさらに増加した．造林面積は速やかに増加したが（図1.14），わずか10年程度で需要を満たせるほどに蓄積が増えるわけはない．需要に対して著しく供給が過少な状態が続いたことで木材価格は急騰した．1955年前後のおよそ10年間で，一般卸売物価指数はほぼ一定に安定していたのに対し，木材価格は2倍以上に高騰した．

　異常なまでの木材価格の上昇を受けて，木材供給を増やして木材価格を下げるべきであるという世論が支配的となった．特に，国有林では人里離れた奥山に蓄積の高い天然林が温存されていたことから，「国有林が"伐り惜しみ"をし

1.7 第二次世界大戦後の日本社会と森林利用

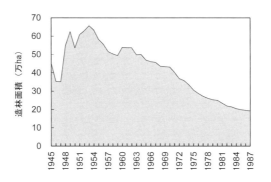

図1.14 第二次世界大戦後の造林面積の推移.
総務省統計局,日本の長期統計系列より作成.

ているのが価格高騰の元凶である」とする新聞社説が発表され(たとえば,毎日新聞1961年5月25日),これらが強い影響力を持った.1961年には木材価格安定緊急対策が閣議了承され,これを受けて国有林では木材増産計画が策定された.

その結果,戦後まで残っていた東北〜北海道や亜高山帯の奥地天然林(特にブナや針葉樹の天然林)や,江戸時代以降温存されてきた高齢級の人工林を伐採して木材を生産するようになり,その跡地に針葉樹の苗を植えたのである.伐採した場所分だけ針葉樹の苗を植えれば,森林の質は大きく劣化するが帳簿上の「森林面積」は減らない.したがって,「森林面積」を保ったまま木材を高速で増産することができる.日本の林相は大幅に変化し,人工林率が4割に近づく一方,ブナ林や亜高山帯針葉樹林は,その大部分が失われていった.

奥地での伐採が大々的に行われることになった背景には,戦後の輸送技術の変化も少なからず影響していたと思われる.トラックなどによる陸送は,早いところでは大正時代中頃から導入されていたが,川での流送など位置エネルギーに依存した輸送技術も根強く残っていた.しかし,戦後は林道の整備が進み,車両系による木材輸送がいよいよ主役となってくる.昭和30年代にはチェーンソーが普及し,伐採の作業効率が飛躍的に向上したこともあって,奥地での木材伐採も「割に合う」ものとなった.一方,車両系の木材搬送技術が標準化されてくると,位置エネルギーによる輸送に有利だった急傾斜に立地する伝統的な林業地は,林業不利地に転じていった.

ただ，こうして行われた奥地造林は必ずしもうまくいかなかった．というのも，奥地はしばしば豪雪に見舞われるなど，植林した木が育ちにくい気候条件であったのに加え，奥地であるがゆえに植林後の手入れが十分に行われなかったからである．そのため植栽木が十分に成長できず，ササや自生する天然樹種に覆われてしまったところも少なくない．造林したもののいろいろな理由で造林樹種が十分に成長しなかった場所は，現在「不成績造林地」と呼ばれているが，奥地伐採後の造林はその温床の一つとなった．

奥山だけでなく，薪炭採取や焼畑農業の営まれていた山地の多くも，針葉樹人工林へと転換されていった．このように，日本列島の歴史上，類をみない規模と速さで，森林の「林種転換」が進んだ．わずか20～30年の間に，里山の大部分と奥地の天然林が，針葉樹人工林に塗り替えられていった．

建築用材の需要は時代の経済状況に応じて上下しながらも，戦後から1997年まで一貫して高水準を維持した．1970～80年代の林業白書によると，木材需要の大部分は住宅の新設によるもので，その住宅の着工件数は，1997年以前は年あたり100万～120万件を超えていた（建築着工統計調査による）．仮に当時の日本の人口を1億2000万人，世帯あたりの人数を平均4人とすると，日本中の全家屋を25～30年ごとに建て替えるほどの高速で家を建て続けたことになる．高度経済成長後の大量生産・大量消費社会では，個人が住宅を所有するのが当然になり，住宅は住み手のライフスタイルの変化に応じて，軽々と建て替えられるようになった．これは，木造の借家に家族で住み，ライフスタイルが変われば家を借り変えていた戦前の日本からは考えられない変化であった．戦後の持ち家化は他の先進国でも共通にみられた現象だが（平山 2014），木造家屋が中心である日本の場合，木材需要の高い状態が続くことになった．

大量消費社会への転換により，住宅だけでなく紙や板紙などの需要も年々増していった．しかし，戦前戦後の植林地の多くは1980年代まで収穫期に至らず，増え続ける木材需要を満たすことができなかった．この木材需要はおもに二つの方法によってまかなわれた．一つは，拡大造林と抱き合わせで行われた，国内の天然林からの収奪的伐採である．もう一つは，外国産材すなわち北米材や南洋材（ラワン材）の輸入であった．木材供給の不足を補うため，昭和39（1964）年までに木材輸入は完全自由化され，戦前に営まれていた北米や東南アジアか

らの輸入が復活した．これらの輸入材は国産材よりも，品質の割に価格が安く，国内市場で優位となった．結果，日本の木材自給率（建材，燃料を含む）は1970年頃に50％を下回り，以後は低下の一途をたどっていった．

　昭和〜平成前半期の日本の木材内需はすさまじく，海外に与えてきた影響も甚大だった．1979年度の丸太消費量は1億m³（ギザのピラミッド38個分強）にものぼり，同年の世界の木材貿易量の22％，世界全体の丸太貿易量のじつに48％を日本が占めたという（1979年度版 林業白書）．世界規模での旺盛な木材の収集を担った大手の商社は，北米では立木を買いつけて現地で生産を行う一方，東南アジアでは政府から伐採権（コンセッション）を得て原生林伐採を進めた．その結果，昭和30（1955）年頃までは南洋材の9割を占めていたフィリピン材は，資源枯渇を主因として昭和50（1975）年には2割を切るまでになったし，あまりの収奪速度に危機感を持った南洋材供給元のインドネシアとマレーシア（サバ州）からは，対日輸出規制まで発動されてしまった．これは世界的にみても不名誉なことであった．

　輸入材への依存は，国内の人工林が育つまでの緊急措置のはずだったが，人工林が収穫適期を迎えた1990年代以降も続いた．木材輸入量は1990年代末まで高い水準を維持し，最盛期には8000万m³を超えた．木材輸入量が減少に転じたのは1998年以降のことだが，現在でも年あたり約5000m³（3年半で黒部ダムがいっぱいになる量）という膨大な木材の輸入が続いている．ようやく人工林から供給されるようになった国産材は，日本の全木材供給の3分の1程度にとどまる．現在，日本各地に存在する人工林には，植えられてから一度も収穫されていない場所も多い．

　この節でみてきたように，産業化以降の日本は一貫して，木材の巨大な需要を抱えていた．その需要を満たすために，自国内では森林の木材生産速度を上回る量を収奪し，足りない分は外国から買いつける，というやり方を基本としてきた．人工林が収穫適期を迎えた現代でさえ，日本はいまだに外国産の木材に依存を続けている．確かに，日本では江戸時代から複数の地域で育成林業が試みられ，その中には現代まで続くブランド林業地となった地方もある．しかし，日本全国のスケールで考えると，本当に持続可能な林業だけで木材内需をまかなった経験は，歴史上一度もないといえるだろう．

(2) 日常的な森林利用の放棄

　日常的な各種資源の採取を通じて形作られてきた里山の景観は，人々の暮らしや生業が変わり，都市化が進むなど社会全体の構造が変化する中で大きく様変わりした（図 1.15）．

　朝鮮戦争特需を契機に都市部の景気が回復しだすと，地方から都市への人口移動が進んだ．伝統的に営まれてきた，里山と耕作地の間で資源を循環させる農業は，必要な労働力を確保できなくなっていった．一方，1962 年に原油の輸入が自由化されると，家庭用燃料の主役は燃料用木材から石油へと一気に転換した．これは都市のみならず農山村でも例外なく起こり，商品としての薪や木炭の生産だけでなく，自家用の薪炭利用も劇的に減退した．利用するあてのなくなった薪炭林の広葉樹は，シイタケ栽培のほだ木に使われたり，パルプ材として売却されたりした．シイタケ栽培は各地の山村に貴重な現金収入をもたらしたが，重労働であったり，大規模な生産業者の台頭によって市場を奪われるなどして，やがて後退していくことになった．

　また石油の輸入開始は，一次産業の合理化をももたらした．落葉や刈敷に代わって化学肥料が，使役家畜に代わって農業機械や自動車が導入された．これらの新しい技術によって，過疎化した地域でも農業生産は継続され得たが，伝統的で多様な森林利用は，継続が困難となり失われていった．また，農村での

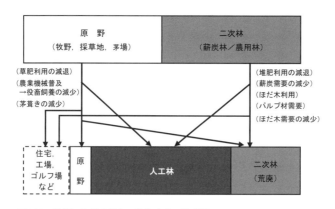

図 1.15　戦後における里山の植生変化の模式図．
　　　　（　）内は原野および二次林の資源利用をめぐる状況の変化を示す．

労働力不足と，農村におけるライフスタイルの近代化または都市化によって，それまで一般的であった茅葺き民家は敬遠されるようになった（岩松 2002）．その結果，集落近傍にあった広大な茅場は放棄されることになった．放棄された里山やパルプ材売却などにより伐採跡地となった山林のうち，アクセスがよい場所は，多くが人工林へと転換されていった．また，都市近郊の里山は，住宅地開発や，工場立地，ゴルフ場開発などの対象となった（図1.16）．

日常的な森林利用の放棄は，国内の森林生態系の側から考えると，歓迎すべき変化だったといえるだろう．何しろ，日本の家庭用燃料は有史以来，一貫して薪や炭に依存し続けており，その需要量は，戦後まもない1950年頃までは木材需要の過半を占め，常に用材の需要量を凌駕していたのである（図1.17）．

本章では，この膨大な資源収奪によるはげ山化や，土砂流失の歴史上の事例を数多くみてきた．はげ山の植生が復活し，山地斜面の表土が安定化するのは，国土の保安上は間違いなくよいことである．また有史以来，多くの野生生物が生息地を人間に奪われ，数を減らしていき，中には絶滅したものもあった．これらの生物のいくつかは，1970年代以降に個体数を回復させていった（3.3節）．

しかし，伝統的な森林利用の喪失はさまざまな問題を含んでいる．一つめの問題は，植生遷移による負の影響である．利用が放棄された里山は，やがて遷

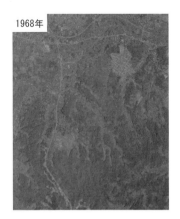 

図1.16　住宅開発などで蚕食される里山．
　　　　国土地理院，地図・空中写真閲覧サービスより．東京都八王子市付近．

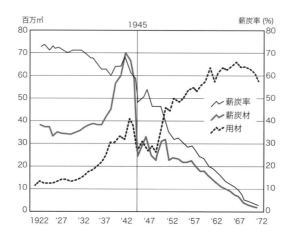

図 1.17 戦前〜戦後を通じた用材と薪炭材の利用材積の推移. 深沢（2003）より転載. 用材と薪炭材の利用量は1950年頃に初めて逆転した.

移によって暗い森林へと推移していく．これが多くの場所で一斉に起こると，草地や柴山，明るい林などを好む生物が次々と失われていく．それらの生物には人の生活と深いつながりをもつものも含まれる．この問題は3.2節で改めて考える．二つめの問題は，森林利用の停止が，持続不可能な資源利用と深く結びついていることである．近代までの日本では，国内の生態系で資源が循環するしくみがとられていた．しかし，現代の社会は石油や天然林由来の木材などの，貿易によって供給される非持続的な資源に依存している．その結果，日本は地球温暖化や，貿易相手国の自然の喪失といった国際的な環境問題に対して，無視できない責任を負うようになってしまった．この問題は3.1節で掘り下げて考えよう．三つめの問題は，文化的な損失である．本章の冒頭で解説したように，日本各地の森林生態系は，それぞれの気候や地形条件に対応した生物相から成り立っている．各地域の人々は，長い歳月をかけて地域の森林との相互作用を繰り返す中で，森林をうまく利用する技術や体制を発達させてきた．それらの知見を数十年で失うのは，あまりにも大きな損失ではないだろうか．いままさに姿を消そうとしている，これらの膨大な情報について，次の2章で詳しく考えていこう．

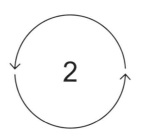

循環のダイナミクス
―地域生態系としての森と人―

　第1章では，日本列島，そして私たち日本人の歴史を通じて変動してきた森の姿をみてきた．このような見方にたてば，日本の歴史全体を通じて，高度経済成長以前まで一貫して森林資源は減少してきた．しかし一方で，もう少し小さな時間スケールでみると，生態系の自律再生機能をうまく利用して，森や資源を更新させながら利用する営みが行われてきた実態もある．

　そこで第2章では，第1章でみたような一方向的な森の変動に対し，循環的な森の変動に焦点を当ててみていきたい．この循環的な森の変動は，いわば循環のダイナミクスというべきもので，森林生態系で繰り返される更新のプロセスといえる．第1章にみた有史時代の森の変動がそうであったように，この循環のダイナミクスに深く関与していたのも，人間の存在である．この循環のダイナミクスに関与していた人々の活動を知るためには，その背景として，森林生態系からどのような恵みを人々が得ていたのかを知らねばならない．そこで，本章では，まず森林生態系からどのように人々が恵みを得てきたのかをみたのちに，その結果として循環のダイナミクスがどのように成立していたのかをみていくことにしよう．

2.1 森の恵みと人々の営み

(1) 森林生態系がもたらす産物

森林は高木をおもな構成要素とする植物の集団である．日本における森林は，通常，高木層の下に亜高木層，さらにその下に低木層，草本層と，階層構造をなしている．さらに，農地や道などと接する林縁部には，マント群落やそで群落と呼ばれるつる植物，低木，草本からなる植物被覆が形成される．このような森林の植物集団によってどのような恵みが得られるのか，主要なものを概観すると図 2.1 のようになる．人々は，森林を構成する各植物が持つ特徴に応じ，それぞれ用途を見出すことによって「森の恵み」を得てきた．時には，便利で使いやすいものを集中的に利用したがゆえに資源枯渇に直面し，他の資源へと対象を移すことでしのいだこともあったが，やがては，必要とする資源の再生産に意図的に関与するようになった（本書 1.5 節(2)を参照）．たとえば，特に必要とする植物種については，スギやヒノキの人工林や竹林など，人為的に森林を生み出すことによって，その恵みをより確実に手に入れようとしてきた．

以下では，それぞれの森の恵みが利用されてきた背景をふまえつつ，どのような森でそれが得られてきたのかをみていこう．

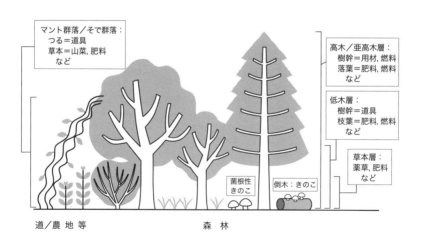

図 2.1　森林を構成する植物と資源（イメージ）．

(2) 用　　材

　森林資源の中で，人にとって最も主要な資源は木材であることに異論はないだろう．木材はその用途によって用材と燃材に大別される．用材とは，柱や板あるいは，紙の原料として使う場合の木材を指し，最近では木質組織を素材として使う利用を総称してマテリアル利用とも呼んでいる．燃材は読んで字のごとく，燃料として使われる木材のことで，古くからあるものとして薪や木炭，近年ではチップや木質ペレットなどの形で使われている．マテリアル利用に対して，エネルギー利用といういい方もされる．こうした木材の用途によって，求められる特性は異なる．

　用材に求められてきた性質とは何だろうか．その第一に挙げられるのは，樹幹の形状だろう．柱や板として木材を使う場合，曲がりが少なく（通直性），樹上に向けて樹幹の細りが緩やかな（貫満性）樹幹をもつ樹種であれば効率がよい．一般的に，こうした特徴を兼ね備えているのは，針葉樹である．用材を得るために植林するとき，ほとんどの場合において針葉樹が使われるのは，こうした事情がある．もちろん，広葉樹も建築材などとして使われてきたが，広葉樹の樹幹は板や柱として使える部分は少ないため，用材を生産するには歩留まりが悪く営利的な生産・利用には不利である（図 2.2）．

　日本において用材として最も重用されてきた樹種として，ここではスギを取

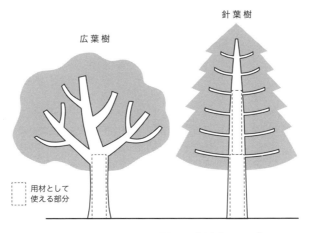

図 2.2　用材利用から見た針葉樹と広葉樹（イメージ）．

第2章　循環のダイナミクス—地域生態系としての森と人—

表 2.1　木材の割裂性.
遠山 (1976), 大西 (1907) より作成.

割裂性の等級	樹　種
1 級	タケ類
2 級	トウヒ, シラベ, サワラ, スギ, ヒノキ, ヒバ等
3 級	アカマツ, カラマツ, ツガ, クルミ, ブナ, ハンノキ, シオジ, キハダ, イチイガシ等
4 級	サクラ, ニレ, カエデ, ヤマナラシ, イチョウ, シデ, トチノキ等
5 級	ニセアカシア, クロマツ, ビャクシン, ナギ, タブノキ等
6 級	リグナムバイタ, シュロ

表 2.2　主要な木材の比重
森林総合研究所監修(2004)より作成.

〈針葉樹〉		〈広葉樹〉	
樹　種	平均気乾比重	樹　種	平均気乾比重
サワラ	0.34	ホオノキ	0.49
スギ	0.38	クリ	0.60
ヒノキ	0.44	ミズナラ	0.68
カラマツ	0.50	ケヤキ	0.69
アカマツ	0.52	アカガシ	0.87

り上げ詳しくみていこう．スギの天然林は日本海側の山岳部に偏在し，太平洋側ではきわめて稀である．このような天然分布を示すスギであるが，いまや日本を代表する人工林樹種として，ほぼ日本全土を覆っている．これはスギが用材として使うにあたって特別都合がよかったことの証左である．スギは単に樹幹が通直で貫満であるというだけでなく，加工する段においてもきわめて都合がよかった．その特徴は割裂性と軽軟性である（遠山 1976）．割裂性が高い木材は，ノコギリなど比較的高度な道具がなくても，クサビや単純な刃物があれば板を作り出すことができる．タケを除けば，スギは木材の中で最も割裂性に優れた部類に入る（表2.1）．針葉樹は一般的に，広葉樹に比べれば，軽くて柔らかい．英語では針葉樹材を softwood，広葉樹材を hardwood といったりする．その中でもスギは比重が特に低い（表2.2）．軽軟性に優れるということは，加工が容易であるということと，運搬が容易であるということを意味する．

　ここまでスギを例に，用材として利用する場合に求められる特質についてみてきた．スギだけでなくヒノキなど用材としての利用に特に適した針葉樹は，天然分布が限られていたり，早くに天然資源の枯渇をみたため（1.3～1.5 節を参

照)，人為的に植栽・保育することによって，資源を再生産し収穫する手法が定着してきた．人里近くに普通にみられたアカマツは，肥料源として重要だった草山に侵入されては迷惑な存在であったが(水本 2003)，やはりその木材は住宅建築のためなどに重宝するものだった．スギやヒノキに比べると，その樹幹は通直性で劣るが，逆にその曲がりを，屋根を支える梁(はり)な

図 2.3 屋根を支える部材に曲がりのあるアカマツ材を使った古民家(埼玉県秩父市, 2009 年).

どに利用して，堅牢な住居を作ることができた (図 2.3)．アカマツは，その生育に適した尾根付近に残され，種子を供給する母樹を伐り残すことで，天然更新をはかりながら収穫する方法がとられた．

アカマツのように，天然更新によって粗放的に用材となる樹木の再生産が行われることもあったが，いまでは，より確実にかつ大量に資源を育む方法として人工林の育成が一般的となっている．針葉樹人工林の更新サイクルの詳細はのちにみるとして，ここでは，その時間スケールだけ確認しておこう．建築用材としてスギを使う場合，おおむね 40 年前後から利用に供することができ，ヒノキは，スギに比べて成長が遅くおおむね 50 年前後から利用されることになる．用材として利用される資源は，「森の恵み」の中で最も更新サイクルの長いものであり，そのサイクルは人間の時間軸に従えば，2 世代以上にわたることが普通である．

(3) 燃　　材

木材の利用の中でも用材を先に取り上げたが，量的には長い歴史を通じて，燃材こそが主要なものであった．最も単純かつ一般的な使い方は，樹幹や枝を適当な長さに切り揃え，必要に応じて割って「たきぎ（薪）」として使うものであった．つまり一次加工にとどまる使い方である．低木や幼樹，枝であれば，刈り取って長さを揃えるだけで十分である．こうしたものは柴や粗朶(そだ)と呼ばれ

図 2.4 低木を刈り取り,長さを切り揃えた柴(昭和 40 年頃,山梨県山中湖村).

図 2.5 春先に割って積み上げられた割木(口絵2 参照.新潟県村上市,2010 年).

囲炉裏(2010年.埼玉県秩父市)

かまど(2011年.愛知県瀬戸市)

図 2.6 囲炉裏とかまど.

る(図 2.4).樹幹の比較的太いものは,さらにヨキ(斧)などを用いて割って利用した(図 2.5).これを割木（わりき）と呼ぶこともある.これら薪は囲炉裏（いろり）やかまどで煮炊きや採暖のために,毎日使われた(図 2.6).地域によっては,製塩業や窯業のために,産業目的で利用された.

次に一般的だったのは,木材を蒸し焼きにして炭化,つまり二次加工をして得る木炭であった.薪と比較した場合の木炭の最大の特徴は無煙であることであり,畳敷きとなった家屋内で使うのに重宝した(樋口 1993).この無煙という性格に加えて,薪よりもかさばらないため,より都市生活に適した燃料であった.日常生活において木炭は,コンロで煮炊きに使われるほか,火鉢や行火（あんか）で

採暖用の燃料として用いられた.
薪に比べると，高熱を得やすいこ
とから，製鉄や鍛冶のために用い
られる場合もあった.

　現実にはどのような木材が燃材
として用いられていたかを理解す
るために，燃料としての木材の性
質を詳しくみていこう．単位重量
あたりの発熱量は，針葉樹におい
てやや高い傾向があるものの，あ
らゆる樹種を通じてほぼ同様であ
る（表2.3）．極言すれば，どのよ
うに低品質な木材であれ，「あと

表2.3　主要な樹木の単位重量あたりの高位発熱量.
　　　　岸本（1981）より作成.

樹　種	熱量（cal/g）	平均比重
カラマツ	4920	0.50
トドマツ	4970	0.40
エゾマツ	4860	0.43
（針葉樹12種平均）	4960	
アラカシ	4546	
アカガシ	4403	0.87
コナラ	4690	0.68
イタヤカエデ	4670	0.65
ブ　ナ	4700	0.65
ケヤキ	4392	0.69
サカキ	4613	
シナノキ	4750	0.50
ミズキ	4730	
シイノキ	4487	0.61
（針葉樹59種平均）	4730	

は薪にしかならない」といわれるように，燃料として一定の用は果たしてくれ
る．用材として使いにくい曲がった木材も燃料の価値としては変わらない.

　一方で，実生活で毎日のように薪を使う場合には，より望ましい性質がある
ことも確かである．燃料としての木材は固体燃料であるから，かさばることが
薪の保管・使用上の課題となる（岸本1981）．すでに確認したように（表2.2,
表2.3），木材の比重は樹種によって大きな開きがある．したがって，単位重量
あたりの発熱量の高い針葉樹よりは，比重（密度）の高い広葉樹の方が，薪を
貯蔵するにあたって好都合だった．なかでも好まれたのは，コナラやミズナラ,
クヌギなどコナラ属の樹木であった．これら樹木は，スギやヒノキと比べると
比重が2倍前後ある．また比重が高いものは「火持ちがよい」ということで,
常に火を絶やさないようにする囲炉裏での使用に特に適したものだった.

　木炭も同様に固体燃料であるが，かさばるという課題において，薪と比べる
とはるかに優れた性質を有していた．そもそも木炭とは，生の木材をなるべく
酸素を供給しないように加熱し，セルロースやリグニンなど炭素（C），水素（H）,
酸素（O）を主成分とする高分子を熱分解させると同時に水（H_2O）を放出させ,
ほぼ純粋な炭素の塊を取り出したものである．このプロセスによって木炭は薪
よりはるかにエネルギー密度の高い燃料となる（表2.4）．エネルギー密度の点

表 2.4 各種燃料のエネルギー密度.
水谷（2003）より作成.

燃料の種類	エネルギー密度（MJ/kg）
石 炭	31 ～ 37
泥 炭	< 24
灯 油	41.9
ガソリン	46.1
薪	17 ～ 21
木 炭	28 ～ 31.5

で優れるのはやはり化石燃料であり，薪とはおよそ 2 倍の開きがある．ところが木炭にすることによって，薪と化石燃料のちょうど中間くらいの，質の高い燃料が得られることになる．

　炭焼きによって燃料としての質を高めるということは，軽量化することでもあった．炭焼きは，木材を熱分解することによって炭素分子として純化し，燃料としての価値（エネルギー密度）を高める加工法である．炭焼きに用いた原木の重量に対して，どれだけの重量の木炭が得られたのかを示す指標として 収 炭率がある．標準的な値は 20% 前後で，これよりも高すぎると，炭化不十分で煙の出る粗悪な木炭になり，これよりも低すぎると，過剰に酸化（燃焼）が進み木炭が目減りしてしまう．つまり，炭焼きは木材を 5 分の 1 ほどに軽量化する技術でもあったといえる．

　かつての炭焼きは，原木が伐採される現場に炭窯を築いて行われた．一つの山の原木を使い切れば，その炭窯を放棄し，また次の伐採現場に炭窯が築かれた．こうした方法が採られたのは，窯を築き直すことの手間よりも，木炭として軽量化・高付加価値化することのメリットが大きかったためである．人力で原木を運ぶことは容易ではないが，炭に焼いてしまえば，人力であっても比較的容易に運び出すことができたのである．里近くに恒久的な炭窯を築き，広範に原木を集める方式が一般化するのは，車両や架線などの技術導入により重量物の運搬能力が高まってからのことである．

　山村で盛んに炭焼きが行われた背景には，木炭を価値の高い燃料として求める都市生活者の堅実な需要があった．都市から遠く離れた山深い山村であっても，さらに，里から離れた奥山であっても，山中で炭窯を築き，炭を焼く知識があれば，現金収入源を生む生業の場となった．炭焼きは，特に大掛かりな技術をもたない人々による奥山の木材利用の可能性を広げる技術だったのである．

　たとえば，山梨県山中湖村では，薪を採取する山域と，木炭を作る山域は異なっていた（図 2.7）．薪は里に近く，低い山に求められたが，炭焼きは富士山の斜面上方，標高 2000 m 近くにまで及んだ．薪は自家用であったが，炭焼き

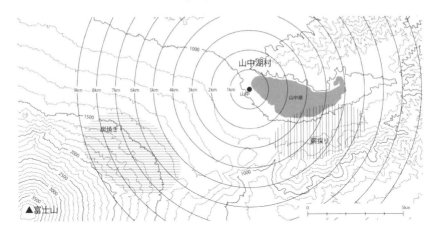

図 2.7 山梨県山中湖村におけるかつての薪採取と炭焼きのエリア．
2010 年に行った 90 代の古老への聞き取りに基づいて．山中地区（図中同心円の中心）における例を地図上に表示．

は現金収入を得ることに主眼があった．炭焼きは，大儲けはできなかったにしろ，山奥でやっても割に合う生業であったのである．

奥山は用材需要のために針葉樹が古くから伐採されてきたが（1.3 節(1)参照），都市生活者の増加と炭焼き技術の普及は，奥地の広葉樹林への大きなインパクトとなった．自生していた広葉樹が炭焼きの原木，燃料として使い尽くされただけではない．このように奥地での炭焼きは，拡大造林のための地拵えとしての目的を兼ねていた場合が多い．そのような場合，その伐採跡地はやがて針葉樹の人工林へと様変わりすることになった．

すでに薪よりも質の高い燃料である木炭も，よりかさばらず，火持ちのよいものを求めようとすると，やはり原料に比重の高い木材を使う必要があった．その典型的なものとして知られているのが，最高級の木炭である備長炭である．備長炭にはウバメガシ（コナラ属）が使われるが，その比重は 0.9 を超え，国産樹種の中では最大の部類になる．あえて比重の低い樹種を使う場合もあったが，それは，鍛冶用に使われる松炭や研磨用のホオノキ炭など，工業的な用途のためであった．一般的には，薪と同様に身近に豊富に存在するコナラやクヌギなど，比重の高いコナラ属の樹種が好まれた．

このように，人々の日常生活に用いられる薪や炭の原料には広葉樹，特にコ

ナラ属の樹種が好まれた．用材とは異なり，枝も含めてすべての部位が燃料としては使えるので，図 2.2 でみたような歩留まりなどは考慮する必要がなかった．したがって，薪炭材を採るための樹木は大きく育てる必要はない．むしろ小径木のほうが，少ない労力で伐採・調整・運搬ができ，扱いやすかった．こうしたことから，地域によって異なるが，薪炭材の伐期はおよそ15〜20年のところが多かった（養父 2009b）．のちに詳しくみるように，この短い更新サイクルは，薪炭林を省力的に再生させる上でも好都合だった．

最後に，木材ではないが，焚きつけとして使われる落ち葉についても簡単にふれておく．晩秋に落ちる落ち葉は，初冬に差し掛かる頃にはカラカラに乾燥し，焚きつけとして重宝した．これらは，当然ながら，樹種や林齢に関わらず，毎年得られるものであり，地方によって「くずはき」「こくばかき」などと呼ばれ，落ち葉掻きは初冬の風物詩となっていた（犬井 2002，養父 2009b）．

(4) 肥　　料

山野で採取される草や低木類は，かつては肥料源として特に重要であった（詳しくは「人と生態系のダイナミクス　1．農地・草地の歴史と未来」参照）．そのおもな供給源は，草本植物が優先する草山であったが，森林の低木層，草本層にある草木，さらに落葉も無視できないものであった．

林床に生育する草本植物，ハギやツツジ科植物などの低木類，コナラやクヌギの株元から芽吹く新梢あるいは幼樹が刈り取られ，刈敷（かりしき）として水田にすき込んで緑肥（りょくひ）として使われた．落ち葉は堆積させて堆肥とするほか，温床（おんしょう）としても重要な役割を果たした．温床とは，落ち葉が微生物によって発酵分解する際の発酵熱を利用した苗床で，春のまだ寒さの残る時期にサツマイモやタバコなどの熱帯由来の作物の発芽と育苗をするために用いられた．温床として使われた落ち葉も，最終的に堆肥として畑に使用された．

森林の低木類を刈り取ることは，一般に柴刈りやボイ切りなどと呼ばれ，その周期は地域によってまちまちであるが，10年を超えないものだった（養父 2009b）．1年サイクルとなっているところでは，コナラやクヌギなどの萌芽枝が，3〜4年サイクルとなっているところでは，ハギやツツジなどの低木類がその主要な収穫物となっていたものと推定される．

また，燃料として使われた焚きつけや薪，木炭は最終的に灰となるが，これもカリウムなどの無機養分を豊富に含み，かつアルカリ性物質として土壌の中和作用をもつことから，大事にとっておき，肥料として使われた（図 2.8）．

(5) 山菜やキノコ

森林生態系は，人間にとっての食

図 2.8 かつて灰を貯蔵するために使われていた灰屋（はんや）（兵庫県篠山市，2009 年）．

べ物ももたらした．それは木の実，山菜，キノコ，根茎，獣肉，昆虫と多岐にわたるが，ここでは山菜とキノコに絞って取り上げよう．

山菜と呼ばれているのは，多くが草本植物の草体で，このほかにいくつかの木本植物の若芽が含まれる．山菜として利用されている草本植物のほとんどが宿根性の多年生草本である．これらの植物は春の芽吹き後，急速に成長する．したがって，その時期としては得がたい，柔らかくかつボリュームのある生鮮食材となる．木本植物のうち，その若芽が山菜として利用されているものはタラノキ（山菜としては「タラの芽」）やサンショウなど低木が中心で，人の手に届きやすいものである．

これら山菜として利用される植物が多く生育するところは，自然にであれ，人為的にであれ，何らかの植生攪乱が起こっている場所である（齋藤 2005）．自然攪乱を受けている山菜の生育地としては，豪雪地帯における雪崩や積雪グライドが頻発する雪食地，つまり雪の流下によって地表がけずられる場所が挙げられる（図 2.9a）．このような場所は，凹地形の斜面にあたり，毎年大量の積雪が流れ下るので高木は生育できない．こうした場所に生育可能なのは，タニウツギやオオバクロモジなど積雪時には倒伏可能な低木類と，地下で雪による攪乱をやり過ごすことのできる宿根性草本である．その中に，ゼンマイやウド，モミジガサ，ウワバミソウなど多くの山菜の生育をみることができる．

人為的な植生攪乱によって山菜の生育が促されている場所は，全国的に見出すことができる．薪炭材などの採取のために皆伐が行われた伐採跡地では，伐

ナゼバと呼ばれる雪食地（新潟県十日町市，2012年）

低木に混じり山菜が生育している伐採後数年経った林地（岩手県西和賀町，2005年）

焼畑休閑地でのタラの芽採り（宮崎県諸塚村，2018年）

山菜の採取地となっている田と森林の境界部（兵庫県篠山市，2003年）

図 2.9　山菜が多く生育する場所．

採後3年ほどで，草本性の山菜の株が育ち，タラノキなど陽樹も生育し始め，山菜のよい採取地となる（図2.9b）．しかし，10年ほどすると，背の高い木本植物が密生するようになり，山菜の株は細り，やがて絶えていく．同様に，焼畑耕作を行った後に放置された休閑林も，休閑後しばらくは山菜の生育地となる（図2.9c）．このように，人為的に伐開された場所は，地表まで十分な陽光が届くので草本植物や陽樹の生育に好都合であるが，やがては植生遷移に従って，撤退を余儀なくされる一時的な採取地である．一方，毎年草刈りや野焼きの行われる草地や林縁のそで群落は，ワラビやフキ，あるいはタラノキなどが恒久的に生育する場所となっている（図2.9d）．

次に，キノコの場合についてもみてみよう．通常，食材として用いられるキノコは，軟質菌（つまりサルノコシカケのように硬いものではなく，柔らかいキノコ）である．軟質菌は，栄養摂取方式から，腐生菌と菌根菌に分けることができる．日本で利用されている腐生性のキノコは，ほとんどが木材腐朽菌，つまり木材を分解し栄養を得ている菌類である．一方，菌根菌は生きた樹木と

2.1　森の恵みと人々の営み　　　　　　　　　　　　　　　59

(a) 倒木から発生する木材腐朽菌ヌメリスギタケモドキ（京都府南丹市，2006年）

(b) 切り株から発生する木材腐朽菌ナラタケ（山梨県山中湖村，2013年）

(c) 尾根近くの土壌の薄いマツ林に発生したマツタケ（兵庫県篠山市，2001年）

(d) 下層植生が少なく，菌根性のキノコが発生しやすい環境（岩手県西和賀町，2004年）

図 2.10　キノコが発生する環境．

　菌根を形成することによって，樹木から光合成産物である栄養を得ている菌で，さらに土中に伸ばした菌糸から水分や無機養分を吸収して樹木に受け渡している．菌根性のキノコは，外生菌根と呼ばれるタイプの菌根（根の組織と菌類が複合的に形成する組織）を形成する．外生菌根を形成する植物は，温帯ではマツ科，ブナ科，カバノキ科が主要なものであり，これらに属する樹種が菌根性キノコにとっては「宿主」ということになる．日本で利用されている菌根性のキノコは，二針葉マツ，つまりアカマツもしくはクロマツ，およびコナラ属樹木と菌根を形成するものがほとんどである（第1章コラム2も参照）．

　キノコの場合も，何らかの植生攪乱が起きているようなところに多くみられる．自然攪乱の例としては，大風や大雪の影響で倒木や枝折れが発生したり，渓畔にある樹木が大雨の際に倒木となったりすることにより，その木材が木材不朽菌の発生源となる（図2.10a，口絵3）．また，木材腐朽菌は人為的な攪乱，すなわち森林伐採に伴って大量に発生することがある．伐採跡地に残された切り株や枝から，伐採の1，2年後からキノコの発生をみるが（図2.10b），やが

てキノコをつくらない別の菌類への菌類遷移が進み（深澤 2017），数年程度で
キノコは発生しなくなる．

　菌根性のキノコは，そのほとんどが人里近くの二次林，すなわち里山で採取
されてきた．マツタケを筆頭に，ハツタケやアミタケなどがマツ林に発生し，
ホンシメジやシャカシメジ，ホウキタケなどがナラ林あるいはマツとの混交林
に発生する．マツタケは他の菌，特に腐生菌との競争に弱く，土壌に有機養分
が少ない環境が好適な生育条件であることが知られている（小川 1991）．つま
り下草や低木類が頻繁に刈り取られ，落ち葉が持ち出されてきたようなマツ林
がマツタケの発生地となっていた（図 2.10c）．マツタケに限らず，里山の菌根
性のキノコは，柴刈りや落ち葉掻きがされ，下草がないところによく発生する
ことが経験的に知られており，実験的にも確かめられつつある（図 2.10d）．一
方で，徹底的に林内の有機物を除去されるような環境では，腐生菌の生育は望
みがたい（齋藤 2006）．

　菌根性キノコの発生状況は林齢にも左右される．たとえばマツ林の場合，若
齢のマツ林ではハツタケやアミタケが，20 年を過ぎる頃からマツタケが採れ
始める．樹齢 20 年から 40 年くらいのマツ林は「のぼり山」と呼ばれ，マツタ
ケの発生が盛んになる．それを過ぎると「くだり山」となり，マツタケの発生
は徐々に低減し，代わりにショウゲンジなどが発生するようになる．80 年頃
になるとマツタケは発生しなくなる（小川 1991）．それ以外の里山の菌根菌に
関しても，樹齢が高い林分では発生しにくくなることが経験的に知られている．

コラム3　歴史的産物としてのキノコ利用文化

　大正時代から昭和初期頃の日本各地の食生活を記録した『日本の食生活全集』
を資料として，地域で食用とされていたキノコの種構成を腐朽菌と菌根菌の違
いに着目してみると，興味深いことがみえてくる（齋藤 2006，図）．関東地方
から東海，関西，中国地方，四国，九州北部にかけては，利用されるキノコの
ほとんどが菌根性のキノコである．これを菌根菌依存圏と呼ぼう．一方，東北
地方や北陸地方などそれ以外の地域では，その比率は同等か腐生性のキノコが
上回っている．こうした違いは何を意味しているのだろうか．

実際に利用されているキノコの種類を詳細にみてみると，菌根性のキノコはマツタケ，ホンシメジ，ハツタケ，ヌメリイグチ，ホウキタケなどマツ科やコナラ属の樹木を宿主としている．アカマツ林や薪炭林でみられる典型的なキノコとされてきたものである．菌根性キノコの利用文化の背景には，本章でみたように，人里近くの森林が燃料確保などのために反復的に利用されてきたことがあるとみることができる．

次に，菌根菌依存圏では，なぜ木材腐朽菌が利用されないかを考えてみよう．アカマツ林や

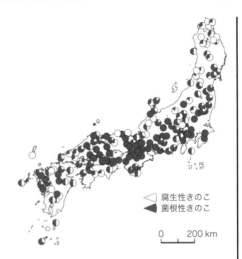

図　大正時代から昭和初期に食用とされていたキノコの種構成の分布．
齋藤（2006）より転載．

コナラ属が優先する，いわゆる里山では，しばしば肥料・燃料となるものは落ち葉までもが徹底的に森林外に持ち出されていた．そうした場合，腐生菌の養分である植物遺体が極端に少ないために，腐生菌の発生は期待できないのである．こうした人間の利用圧が高い中で成立した森林は，人口の多い地域で成立したと考えられ，実際に，菌根菌依存圏は，有史以来，人口密度の高かった地域と一致する．

じつは，時代を長く遡ると，こうした地域であっても木材腐朽菌が利用されていた．平安時代頃の皇室の記録には，初期には木材腐朽菌であるヒラタケが献上品としてしばしば記録されていた．しかし，時代を経るにつれて，献上されるキノコはマツタケに置き換わっていき，13世紀頃にはマツタケしか記録にみられないようになった（千葉1991）．花粉分析によっても裏づけられるように，この変化は，京都盆地を囲む山地の植生が広葉樹林から，アカマツ林に変化していったことを反映している．

菌根菌依存圏のキノコ利用文化は，森林の利用圧の高まりが，マツタケをはじめとした里山の菌根菌の利用機会を広げつつも，腐生菌の利用機会を失った結果として成り立ったものであることがみえてくるだろう．このように，何気なく存在してきた森の恵みをいただく文化は，歴史的に形成されてきたものなのである．

(6) その他生活資材

最後に，道具や生活用品などの素材として，暮らしを支えた森林の産物についてみてみよう．鎌の柄に使われたカマツカ（低木），頑丈な織物となったシナノキ（樹皮），カゴなどの編み細工の材料となったマタタビ（つる植物）やタケ・ササなどきわめて多岐にわたる．ここでは，最も一般的かつ日常的に使われていたつる植物とタケについて簡単にみておく．

つる植物は長くしなやかで太さが一定の素材が得られるので，編み細工の材料として使われた．数あるつる植物の中でも，編み細工用にはマタタビやアケビ，ヤマブドウがよく使われた（図 2.11）．マタタビは当年に伸びた若いつる，アケビは走出枝（ランナー），ヤマブドウは樹皮を編み細工の素材として使う．つる植物は，道沿いなど林縁部のマント群落に多くみられる（図 2.12）．人々が山仕事のために通う道が維持されたり，薪炭採取や焼畑造成のため伐採されたりすることで生じる林縁部がこれらの資材の供給源となってきたと考えることができる．

タケは軽いながらも頑丈で，しかも通直で長い素材が得られるため，さまざまな用途に重用されてきた．稈は特に加工の必要なく，農業用資材などとして利用できたし，割裂性のよさ（表 2.1）を生かし細かく裂いた素材でザルやカゴなどの竹細工が作られてきた（図 2.13）．

日本でよく使われるタケは，モウソウチク，マダケ，ハチクであり，それぞ

図 2.11　マイタケ採りに使われたアケビかご（岩手県西和賀町，2008 年）．

図 2.12　林道脇に繁茂するヤマブドウ（岩手県岩泉町，2003 年）．

図 2.13 竹材の利用例.

はさ掛け用に大量に保管されている竹材（滋賀県大津市，2018年）　　桑の葉の運搬に用いられたヤマイキカゴ（京都府綾部市，2009年）

れ竹林を仕立てて，竹材の生産と利用が行われてきた．モウソウチクは18世紀に中国より導入されたことが記録として残されている．ほか2種のタケについて記録はないが，古い時代に中国からもたらされたものとする説もある．これらのタケは，必要があれば，地下茎を掘り取って家の裏などに移植し，栽培されてきた．モウソウチクは竹材の身が厚く，細工に

図 2.14 伐竹が行われ，よく管理された竹林（京都府長岡京市，2007年）.

は向かないため，漁具や庭の竹垣に利用されるほか，タケノコの生産に重きが置かれた．良質なタケノコを生産する上でも，竹材として親竹を伐採し利用することは重要な管理手法になっていた（図2.14）．竹細工用の素材としては，マダケとハチクが用いられた．ハチクの方がより繊細で，茶筅などより細かい細工に用いられた．竹材として利用するには，発生後3年目以降の稈が収穫された（岩井 2008）．いずれにせよ，タケノコは毎年発生するので，連年の竹材収穫が可能であった．

2.2 循環的な資源利用が成り立つしくみ

これまでみた森の恵みは，どれも暮らしに密接に関わるもので，少なくとも数百年，あるものは有史以前から利用され続けているものである．このように長期的に利用が継続されていたのは，これら資源が，地域の生態系の中で再生産されてきたからにほかならない．各種資源の再生産の背景にあった地域の森林生態系がどのように更新されていたのか，その更新プロセスに人がどのように関与していたのかに着目してみていこう．

(1) 針葉樹人工林

用材として優れた材が得られる針葉樹は，資源の稀少化と商品化を背景に，おおむね江戸時代頃から積極的に育成されるようになった（1.5節(3)参照）．多くの場合，育成対象の樹種は人里近くに天然分布しないため，苗木を植栽し，保育するという人間による積極的なはたらきかけが行われる．

針葉樹林を育成する場合，「尾根マツ，谷スギ，中ヒノキ」といい習わされているように，尾根付近の乾燥しやすいところにマツ林を仕立て，谷部の湿潤なところにはスギを育て，その中庸の斜面にはヒノキを育てる，という樹種特性に応じた基準があった．これを適地適木という．マツについては，母樹を残して天然播種による更新をはかるのが一般的であったが，スギやヒノキに関しては，形状の良い母樹の種子から苗を育てたり，または枝先（挿し穂）をそのまま植栽（直挿し）したり，挿し木苗を育ててから植栽する方法がすでに江戸時代からとられ，明治以降は苗木を購入して植栽することが一般的になってきた．ここでは，苗木を林地に植栽して成林させる場合についてみていこう．

苗木を植栽する予定地では，植栽とその後の保育管理作業の障害とならないように，地上に散在する枝条を処分する必要がある．この作業を地拵えという．いまでは，地拵えは枝条を邪魔にならないところに寄せるだけの場合が一般的であるが，かつては焼き払うことによる地拵えが一般的だった．したがって，のちにみる焼畑との相性がよく，植林の準備作業として焼畑が付随することもあった（図2.15a）．また，皆伐し，枝条を燃料として使う炭焼きとも相性

山形・新潟県境付近で見られるスギの収穫後の焼畑（新潟県村上市，2010年）　　炭焼き窯の残るヒノキ植林地（東京大学秩父演習林，2014年）

図 2.15　造林前作業としての焼畑と炭焼き．

がよく，炭焼き後にスギやヒノキの植林が行われた（図2.15b）．実際，有名林業地の多くで，育成林業の前段階として焼畑耕作や木炭生産が盛んに行われていた．焼畑が基層となった例として吉野林業，日田林業など，木炭生産が基層となった例として尾鷲林業，天竜林業などが知られている（船越 1981）．

通常，植えられる苗木は数十cmの高さのものが使われる．植栽に適した季節は春だが，植栽された苗木は，夏になると激しい生存競争にさらされる．地拵えをした裸地は，苗木だけでなくそのほかの植物にとっても陽光が降りそそぐ格好の生育地となる．仮に焼き払われていても，外部から散布される種子，埋土種子，休眠している宿根性植物の根茎などから発芽してくるものがあるからだ（飯泉 1991；3.1節(2)c参照）．また，周辺の環境から運ばれてきた種子から発芽するものもある．ススキ，アザミ類，タケニグサなどの高茎草本やササは，単年で2〜3mの高さにもなり，苗木の上に伸びて陽光を奪う．したがって，苗木がこれら高茎草本を凌駕し林冠が閉鎖するまでは，夏の間に1，2度下刈りが必要になる．

植栽する苗木の密度は，通常1haあたり3000〜5000本だが，この場合，植栽してから5年から10年は下刈りが行われる．節がなく年輪の詰まった木材の生産を目的とした吉野林業などでは，1haあたり10000本前後の密植が行われるが，そうした場合にはより早く林冠が閉鎖して下刈りの必要がなくなる．一方で，のちに述べる間伐をより頻繁に施す必要が出てくる．最近では，間伐にかかるコストを削減するために1haあたり1500本を下回るような「疎

植」も行われているが，この場合，林冠が閉鎖するまでの期間は長くなる．

また，クズやヤマフジなどのつる植物は苗木に絡みついて苗木が受けられる陽光を横取りし，放っておけば苗木の幹を締め上げてしまう．これを取り除く「つる切り」という作業も必要に応じてしなければならない．このように，保育初期に多くの手間が必要とされるのは，日本の植物の生物多様性の高さの反面的な作用（ディスサービス）といえる．同じ中緯度帯の欧米諸国では，ササを欠くなど下層植生の構成は単純で，さほど手間をかけなくても成林させることができる．

成林した後には，植栽した樹木同士で光を奪い合うようになる．そのまま放っておけば，劣勢木が枯れる「自己間引き」が起こるが，これは木材の生産上も表土保全上も好ましくない（第3章参照）．そのために，植栽後15年以降，「間伐」や侵入してきた不要樹種を伐採する「除伐」を施すことによって，残存木の成長を促す．これには，副次的効果があり，林床まで多くの日射が届くようになり，豊かな下層植生を育み，生物多様性の保全上あるいは表土保全上も好ましい（図2.16a：間伐の生態系機能への影響は3.1節に詳説）．節のない，そして年輪幅の揃った木材を生産しようという場合には，枝打ちが行われる．このような管理を1，2度行い，40年生ほどになると，一般的な住宅で使われる柱を取れるような大きさに成長し，いよいよ収穫（主伐）ができるようになる（択伐のように明確な主伐が存在しない場合もある）．主伐が行われ，木材が搬出された後は，また地拵えからの人工林育成のプロセスが繰り返される．

ここまで紹介した人工林のサイクルは，最も一般的な方式で，「皆伐・一斉造林」とも呼ばれる．収穫時に質的に揃ったものをまとまった量で出荷できるため，経営上のメリットが大きい．しかし，生態学的にみたとき，この方式の特徴は皆伐（および地拵え）という作業により，裸地から森林の形成がスタートするという点にある．そのため，豊かな草本層やつる植物などによるディスサービスを受けやすく，また，裸地化した斜面は一時的にではあるが土壌浸食や土砂流出のリスクが高い状態に置かれるという欠点も抱えている．

こうした欠点を補うような伐採・造林方式，すなわち完全な裸地を出現させないような森林の仕立て方が各地で実践されたり，研究されたりしてきた．それらは，皆伐をせずに一部の樹木だけを収穫しながら次世代の樹木を育てるこ

図 2.16 人手が加わることによって生み出される特徴的な森林景観.
(a) 間伐が行き届き，下層植生が豊かなスギ人工林（奈良県川上村，2005 年）.
(b) 二段林の景観（山梨県山中湖村，2018 年）．上層木はカラマツで，下層木はモミ．上層と下層で林相の異なる複層林は「複相林」とも呼ばれる．
(c) 伐採後 2 年を経たクヌギの切株と萌芽枝（埼玉県秩父市，2011 年）．

とをめざす方式である．今後の「循環のダイナミクス」を考える上で参考になるものが多いので，以下に，代表的なものを紹介しておこう．

収穫する木を見定め，単木的に伐採することを「択伐」という．よく知られた例として，「なすび伐り」と呼ばれるものがある．野菜のナスのように，大きくなったものから順に収穫することから，このように呼ばれる．収穫により開いたギャップに次世代の大きく成長した苗木を補植することで，下刈りの手間を避けつつ更新がはかられる．こうした人工林の仕立て方は，いわば，択伐・補植方式といえよう．

また，おもに 1980 年代から研究されてきたものとして「二段林」がある（図 2.16b）．先に植林された上層木の下に次世代の苗木を植えて，林冠が 2 段構造となるように仕立てる方式である．上層木が十分に成長した時に，上層木だけ収穫し，下層木はさらに保育を継続する．

これらの造林方式は，複数の世代（樹冠）によって構成されるため，「複層林施業」とも呼ばれている．収穫してもなお森林植生が保持されるので，裸地化によるデメリットを回避できる．植生が斜面土壌を被覆し続ける一方，上層木の存在により，草本層の成長が一定程度抑えられる．また，「なすび伐り」のように植栽本数が少なければ，下草の影響を受けない大苗を植栽することも

容易となる.

しかし，これらの造林方式の実践には大きな課題もある．まず，上層木の収穫の際に，次世代を担う下層木を傷つけないように伐倒するために高度な知識と技術が求められる．また，特に択伐の場合は，単木的に収穫される木材を，付加価値を高めて出荷する販路を確保するような経営上の工夫が求められる．

ここで紹介した方式のほかにも，種子の供給源となる「母樹」を伐り残して，実生による更新をはかるものなどもある．いずれにおいても，地域の風土に適応し，かつ経営的に成り立つ造林方式は，いまだ模索の端緒についたばかりといえるだろう.

このように，人工林という特殊な生態系は，その初期段階では植栽木以外の植物種との競争から植栽木を保護するため，それ以降は木材の生産性や品質向上を主目的として，人手が加えられることによって成り立ってきた.

(2) 里山（薪炭林）

里山のうち，草山を除く森林は，かつて農用林とも呼ばれていた．農用林とは，農業経営のため，あるいは農業者の生活のために利用される森林をいい，屋敷林，耕地防風林，薪炭林，放牧林などの類型が見出される（中島 1948）．ここでは，最も一般的にみられた薪炭林を取り上げて，更新プロセスを具体的にみていこう.

すでにみたように，日々の煮炊きや採暖に薪炭を使う場合，ナラやクヌギが好まれた．それには，これらの樹木は比重が重く，火持ちがよいという特質が好まれたという事情があったが，他方で，これらの樹木が身近に，かつ豊富に入手できたという点も考慮する必要がある.

これらの樹木の大きな特徴として，萌芽しやすいことが挙げられる．落葉樹は，春に芽吹くのに必要な養分を樹体内に蓄えてから葉を落とす．このような時期に伐採をすると，切株や根ぎわから勢いよく萌芽枝が伸長することが経験的に知られている（図2.16c）．そのことによって，特に植栽をしなくても，また下刈りをしなくてもナラやクヌギは更新し，成林する．薪炭材を採取するという行為は，萌芽能力に優れた樹種が優占しやすいような選択圧としてはたらいたとみることができる.

2.2 循環的な資源利用が成り立つしくみ

　実際，人々が薪炭材を伐採する時期は，晩秋から早春であった．この時期に
この作業が行われることは，樹木の更新を確実にするほかに，いくつかの作業
上の利点があった．晩秋以降の農閑期は山仕事に労力を振り分けやすかったし，
落葉後の樹木の木材は含水率が低いので作業の負担がより軽くなり，薪を乾燥
させる上で好都合であった．豪雪地帯においては，春先の堅雪が残る時期は，
木材を滑らせて集材，運搬できるので特に都合がよく，これらの地方では，薪
は「春木」とも呼ばれている．

　さらに，せいぜい15年から20年程度の若い状態で薪炭材を収穫していたこ
とも更新の確実性に寄与していた．樹木の萌芽能力は，高齢化するに従って弱
まっていくことが知られている．広葉樹林伐採跡地での広葉樹の萌芽状況を兵
庫県で広く検討した山瀬（2012）は，コナラについて，樹齢30年での伐採後
の萌芽率がおよそ9割であったのに対し，60年では3割，80年では1割に満
たなかったことを報告している．上述の伐採の時期と同様に，若い状態で伐採
することにも作業上の利点があった．樹木のサイズがほどほどであることは，
伐採，玉切り，運搬作業を素朴な道具と人力に頼る場合には都合がよかった．

　いまみたのは，一般的であるとされる20年前後の伐採サイクルで萌芽によ
る更新方式を取るタイプの薪炭林である．しかし実際には，その更新パターン
は地域によってかなり多様であった．各地の具体的な例は他書にゆずるとして
（養父 2009a，養父 2009b，犬井 2002 など），以下では，これまで詳細が知られて
いないユニークな例として豪雪地帯の薪炭林を2例紹介しよう（図2.17）．

　岩手県西和賀町では，国有林に薪炭共用林という地域の旧慣に基づく薪炭林
が設定されている．この薪炭林は60年伐期となっており，地区ごとにその年
の伐区をさらにくじなどで希望世帯に分けて伐採している．伐採が行われるの
は雪が「堅雪」と呼ばれる状態になった2月下旬頃からで，まず，地区の共同
作業として，搬出のための雪道がつけられる．その後，各世帯に割り当てられ
た区画にある木をめいめいに伐採，搬出する（図2.17a）．積雪は2mほどある
ため，伐採する木の幹回りを少し掘り下げて伐採が行われる．樹種はミズナラ
が中心であるが，ホオノキやサクラなどその他の広葉樹も混じる．萌芽能力の
高いミズナラであっても，60年生となれば，萌芽による更新は期待しがたい．
おそらく，2mもある積雪の下に倒伏している稚樹があり，それらは，雪上の

第2章 循環のダイナミクス―地域生態系としての森と人―

図2.17 特色ある豪雪地帯の薪炭林.
薪炭共用林での薪材の伐採(岩手県西和賀町, 2010年).

伐採・搬出のダメージを受けず,雪解け後には明るい陽光を得て急速に成長し,次世代の林冠を形成するものと推定される.

　もう一つは,新潟県の中越地方でみられるもので,先の例とは対照的に,幼齢の樹木のみが薪として切り出されていた薪炭林である.ヤマザクラの咲く頃,ナタで「ボイ(雑木)切り」をする「春木山(はるきやま)」と呼ばれる仕事が行われた(大嶋 2000).こうしたナタでも刈り取れる「ボイ」は,積雪下で容易に倒伏して豪雪をやり過ごしているようだ.しかし,残念ながら,これらの「ボイ」がどのような樹種であったのか,また,どのように更新していたのかは,これまで知り得ていない.

　こうした林型が人の暮らしと地域の自然条件の中でどのように形成されてきたのかは興味深いテーマである.このテーマが解き明かされることは,今後の天然林管理にも有益な知見をつけ加えることになるだろう.「いくつもの薪炭林」のしくみの解明が待たれる.

　このように,樹木の特性と人々の作業上の都合がうまく噛み合っていたことで,薪炭林はナラやクヌギをその主たる構成樹種として短いサイクルで更新を繰り返してきた.しかし,薪炭林はただ薪炭材をもたらしただけではなかった.伐採後まもないうちの萌芽枝は間引かれ,刈り取った下草とともに刈敷として使われることもあったし,柴薪ともなった.落ち葉もかき集められては,肥料や燃料に用いられた.こうした利用が折り重なっていたことで,藪(下草や低木層)の少ない,明るい林床環境がもたらされた.こうした林床環境は,すで

にみたように，菌根性キノコが発生しやすい環境であったし，いくつかの植物や昆虫にとってかけがえのないハビタットとなった．たとえば，カタクリは藪に覆われていない春の明るい林床で真っ先に葉を広げ，花を咲かせ，上木の展葉が済む頃には実を熟させ，やがて長い休眠に戻る．こうした生活史をもつ植物はスプリング・エフェメラル（春植物）と呼ばれ，春先に陽光が林床に十分に届く環境でないと生き延びられない（3.2 節(2)参照；図 3.10）．

(3) 焼　畑

　焼畑（切替畑ともいう）は，水田稲作の渡来以前より続けられてきた農法といわれ，山村では長い間，主食としての雑穀と蔬菜を得るための基軸的な生業となってきた．焼畑で育てられる作物の代表的なものは，アワ，ヒエ，キビ，ソバなどの雑穀類である．さらに，ダイズ，アズキなどの豆類，カブ，ダイコンなど根菜類も育てられる．

　焼畑はまず，森林を伐採し，適度に乾燥させたのち，焼き払うことから始まる．このことによって，地面をあらわにし，灰は肥料にもなる．3〜5 年作物を育てると，地力も衰え，雑木雑草も増えてくるので，耕作を放棄し，休閑林として土地を休ませ，地力の回復を待つ．より地力の回復を促すために，窒素固定能のあるハンノキ（ヤマハンノキ）を植栽する場合もあった．20〜30 年ほどすると，地力が回復するので，再び焼き払って作物を育てる，という循環を繰り返す．地方により違いはあるが，これが一般的なプロセスである（図 2.18a）．

　上記のような作物は基本的に自給的な食糧であるが，現金収入の必要が生じると，焼畑は商品生産の場にもなった．早い地域では江戸時代に，多くの地域では交通網と交通機関の発展した明治時代以降に，商品作物の生産が組み入れられた（藤田 1983）．従来どおり自給的作物を育てつつ，その株間に，チャノキ，和紙原料になるミツマタなどを植えつけ，自給的作物の生産が終わったあと数年，これら商品生産を行った後に休閑林に戻すというプロセスになった（図 2.18b）．休閑林というのは，森林が形成されることによって地力の回復を期待して土地を「休ませる」ことをした結果成立する森林をいう．

　こうした場合に生まれる，自然の植生遷移に任される休閑地は，山菜として

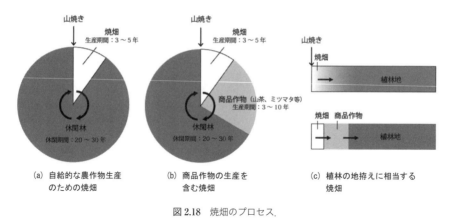

図 2.18 焼畑のプロセス.

のワラビやタラの芽，デンプン源としてワラビ根やクズ根が得られたほか，屋根葺きに用いるカヤや，煮炊きに用いる薪なども得られる多義的な空間だった（佐々木 1972）.

　国内の事例ではないが，地理学者の横山によって，焼畑農業が存続してきた東南アジア・ラオス北部山間地域での休閑林の重要性が詳細に示されている（横山 2013）．休閑林は，家畜の放牧地や薪の採取地として利用されるほか，非木材林産物（NTFPs：non-timber forest products）の採取地となる．その中には農家世帯の年間収入の大半を占めるような産物もある．ここで興味深いのは，休閑の過程によって産物が遷移するということである．休閑1〜2年目には，ホウキの材料に使われるイネ科草本のタイガーグラスが採取される．3〜4年目には，クワ科低木のカジノキから，手漉き和紙の原料として使われる樹皮が盛んに採取されるようになる．5年目以降は，樹木下に生育するショウガ科草本のナンキョウから，薬用となる実が採取されるようになる．6年目以降は樹木が繁茂するようになり，代わって，エゴノキ科のトンキンエゴノキから香料や薬品として使われる安息香の原料となる樹脂が，また，スパイスや薬用となるショウガ科草本のカルダモンの実が本格的に採取できるようになる．

　このように，休閑期間の長さに従って遷移が進行し，その過程で多様な非木材林産物が得られることを知ることができる．焼畑耕作が行われることによって，あるところでは若い休閑林，あるところでは成熟した休閑林がパッチ状に

2.2 循環的な資源利用が成り立つしくみ　　　73

分散分布する．このことは森林の生物にとっては，多様なハビタットが確保されることを意味するだろう．焼畑は，森林の供給サービスを高める機能も有しているとみなすこともできる．

　先に述べたように，日本でも焼畑休閑林が山菜やデンプン原料をもたらす恵みの場であったことは確かである．残念ながら，日本の焼畑では詳細な検討がなされることがないままに焼畑はほぼ姿を消してしまったが，最近では，焼畑を見直す動きがあり，焼畑を復活する試みもみられるようになった．

　さて，焼畑の雑木を切り払い，焼くというプロセスは，造林をするのにも好都合であった．この作業は，植林木の苗木を植える前に整地をする「地拵え」に相当するためである．昭和初期の段階では，西日本を中心に植林の地拵えを兼ねた焼畑耕作がむしろ一般的になっており（図1.9を参照），人工林でスギなどを収穫した後に枝条などの残材を利用して焼き，次世代の植林をする合間に農作物を作る「間作」の形態が多かった（倉田 1938）．戦後には，木材の価格が上がり，既存の商品作物の市況が不振となる中で，自給的作物，商品作物の間にスギやヒノキの苗木を植えつけるという動きが広がった．しかし，賃金労働の機会が浸透し，米を容易に入手できるようになった時代にあっては，人工林と化した山林は再び焼畑として循環することはない（図2.18c）．

　焼畑に関する全国的な統計としては，明治22（1889）年，昭和11（1936）年，昭和25（1950）年のものが知られ，それぞれおよそ11万ha，7.7万ha，1万haと近代化以降その存在はなりを潜め，昭和40年代にはほぼ消滅した（藤田 1983, 福井 1974）．昭和11年の統計では，林木の利用を主とするもの，すなわち植林前の地拵えとして行われていたものが6割を占めていたことから，かつての焼畑を軸に循環してきた森林生態系の多くは，人工林に置き換わったとみることができる．このように日本においてはほぼ姿を消した焼畑であるが，最近になって，焼畑は，生態系を循環的かつ持続的に活用する農法として，伝統的な知識体系など文化的価値をもつこと，あるいは，休閑林が山菜などの資源を生むことなどが再評価されている．

(4)　民俗知とワイズユース

　以上のように，いくつかのタイプの森林について，人手が加わることによっ

て更新されるしくみをみてきた．これは，用材や燃材，穀物といった人の暮らしに不可欠な森の恵み（主産物）のほか，柴や落ち葉，山菜やキノコなど，付随する森の恵み（副産物）が持続的に得られるしくみでもある．人が森林生態系の更新プロセスに干渉する動機は，暮らしに不可欠な主産物を得ることであったが，だからこそ，確実な収穫，つまり持続的な恵みが得られるような配慮や工夫をみて取ることができる．

　このように，人々の暮らしの中で培われた自然とつき合う上での知恵や知識は，民俗知（folk knowledge）あるいは在来・地域知（ILK：indigenous and local knowledge）などと呼ばれ，近年では，環境保全をはかる上での大きな要素であるとして世界的に注目されている（IPBES ウェブサイト）．生態系を維持しながら持続的にその生態系がもたらす資源を利用することをワイズユース（wise use）というが，この背後にはワイズユースを可能ならしめる民俗知の存在がある．人里近くの生態系が人々の配慮や工夫（民俗知）のもとで繰り返し利用されてきたことは，このワイズユースの一例とみることができる．

　以下では，これまでみた循環のダイナミズムの背後にある民俗知の存在を取り上げ，それぞれの森林生態系の成立をどのように支えていたのか，確認していこう．

　針葉樹人工林では，まず，土地の状況によって植栽に適する樹種が選ばれていたことが，成林させるために決定的に重要であっただろう．「尾根マツ，谷スギ，中ヒノキ」のように適地適木の原則があった．次に，植栽初期の頻繁な下刈りと，その後のつる切りなどの保育作業も，温暖湿潤で種多様性の高い日本の風土に応じたものであり，こうした植生への干渉がなければ，針葉樹人工林の成林は難しい．

　薪炭林においては，コナラ属を中心とする広葉樹を若齢で収穫すること，その収穫（伐採）の時期が落葉広葉樹の休眠期にあたることが，次世代の森林の再生を確実なものとしていた．このことで，燃材が収穫された後の切り株から確実に萌芽し，すみやかな成林が期待できる．このような収穫形態がとられたのは，作業上の都合もあるが，更新への配慮でもあった．薪炭林は地域住民の共有となっている場合が多かったが，その場合，たいてい「口開け」など，いわば解禁日が設定されていた．この解禁日が，晩秋から早春の，落葉広葉樹の

休眠期に設定されていた．それ以外の時期に伐採しては，確実な薪炭林の更新が望めなくなるという懸念の強い現れであるといえるだろう．

焼畑においては，地力の回復が一番の関心事であった．雑穀等の耕作後に必要な地力回復の期間が認識され，必ず一定の休閑期間が設けられた．休閑期間は地域によって大きな差異があるが，いずれの場合にも，地力が前回耕作時と同等に回復するまでの期間が確保された．さらに，より確実な地力回復をはかるために，ヤマハンノキなどの肥料木が植栽された場合もあることにも着目したい．肥料木とされる樹木は根粒菌という細菌類を根に棲まわせ，根粒という器官を形成している．根粒菌は空気中の窒素を取り込み，宿主植物が利用可能なアミノ酸等の形に変換して提供することで，宿主への栄養供給と土中への栄養素としての窒素の固定に貢献する．こうしたメカニズムはともかく，先人はこれら地力回復に効果のある肥料木の存在を知っていて，これを積極的に活用していた．なお，はげ山となった所で植生回復をはかる際にも，ヤシャブシなどの肥料木が活用された．

地域の森林生態系は，植物の特性と人々の知恵の共同合作として成り立ち，少なくとも高度経済成長期が始まるあたりまで，その営みを繰り返してきたのである．ところが，人工林はこの数十年の間に更新の営みが停滞するようになり，戦後に作られた人工林については，その大部分がまだ一度も更新されていない．里山の森林生態系を形作ってきた薪炭利用や焼畑利用などは，高度経済成長期までに決定的に減退した．こうして，生態系の更新サイクルの1ピースとして組み込まれていた人の営みが後退するとどうなるのか，次の第3章で詳しくみていこう．

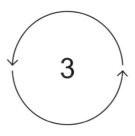

3 現代の森をめぐる諸問題

　2019年現在，森林は国土の67％を占めており，その約4割が人工林，6割が天然林である．このうち人工林の大部分は，戦後の拡大造林時代に植えられた針葉樹の土木・建築用材林であり，近代以前から続く優良な林業地や広葉樹の人工林の割合は低い．一方，現存する天然林のほとんどは，用材や燃料材の採取のため伐採された後，遷移によって森林に戻った若い「二次林」である．しばしば「原生林」などと呼ばれる，比較的年代が古く人為の形跡が希薄な森は，現代の日本には山奥などにごくわずかしか残っていない（図1.3参照）．

　この章では，日本の森林の大部分を占める人工林と二次林，またそこに生活する野生動物の現状を考える．日本の森林のほとんどは，1960年代まで常に利用圧の高い状態にあったが，その後の経済・産業状態の紆余曲折を経て過少利用（アンダーユース）状態に転じた．アンダーユースによって日本国内の森林の面積と蓄積は大幅に増加し，野生動物の一部は大幅に個体数を増やした．ところが皮肉にも，急激な森林環境の変化によって生物間のバランスが壊れ，人間生活にも悪影響が及んでいる．このような，いままで日本の森林が経験してこなかった状況を整理した上で，現代に生きる私たちが森林とどう向き合っていくべきかを考えていこう．

3.1 針葉樹人工林：世界経済に翻弄される巨大生態系

　人工林（plantation）と聞いてほとんどの日本人が思い浮かべるのは，針葉樹の植林地ではないだろうか．本州以南の人ならスギやヒノキ，北海道の人ならトドマツかカラマツ，といったところだろう．人工林とは本来，人が育成した森林全般を指すので，暖地の海岸によくみられる薪炭林採取用のマテバシイ植林地も，海外に多いユーカリ植林地やアブラヤシの畑も「人工林」である．しかし現代の日本では，第1章で紹介した拡大造林により，用材を収穫するための針葉樹植林地が人工林の大部分を占めている．そこで本節でも，この針葉樹植林地，特に拡大造林によって成立した人工林に限定して話を進めたい．

　日本の国土面積の3割を占めるこれらの人工林（用材採取用の針葉樹植林地）を今後どう扱っていくべきかについては，林業関係者だけでなく一般の市民からもさまざまな意見がある．このことは，人工林が単に生産物としての木材だけでなく，さまざまな恩恵（生態系サービス）や不利益（生態系ディスサービス）をもたらしていることを意味している．本節では，人工林がたどってきた道をふまえながら，人工林が現代社会にどのような恩恵や不利益をもたらしてきたのかをみていこう．

(1) 世界経済の中の経済林

　拡大造林の後に成立した人工林の大部分は，近年，慢性的に手入れ不足の状態にある．木材を伐採（収穫）した後に次の苗が植えられず，放置されてブッシュ化した場所（造林未済地）や，間引きが行われず細い木が密生する暗い林，さらに当初予定されていた収穫時期をかなり過ぎた高齢の人工林などが，年々増加している．これにはおもに二つの原因が考えられる．一つは，国産材の生産コストが価格とつり合わないために，国産材が在庫過剰の状態になっていること．もう一つは，管理すべき人工林の面積が広すぎることである．

　国産材の在庫が過剰だというと，国内の木材需要が減っていると誤解されそうだが，そうではない．日本はいまなお世界に冠たる木材消費国であり，その木材消費量は現在でも高度経済成長期（1960年代）と同程度の水準にある（図

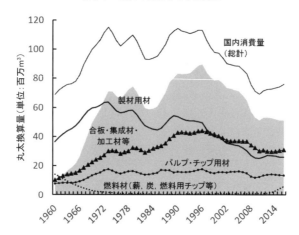

図 3.1 用途別にみた日本国内の木材消費量（折れ線）と木材輸入量（灰色領域）の推移．
林野庁統計に基づく．木材の消費量や輸入量は景気や国際相場の影響による年変動が大きく，ここでは長期的な動向をみるために前後 3 年の移動平均値を示している．国内消費量（総計）と木材輸入量の比を 100% から引いたものが自給率にあたる．

3.1)．しかし，その需要の 7 割は輸入によってまかなわれており，成熟段階にある国内の人工林（いわば未使用の在庫）は過剰となっている．これは国産材の生産コストと販売価格がつり合わないためである．

　日本の林業は極端に労働集約的な産業で，苗の生産から収穫までの膨大で危険の伴う仕事の大部分を，熟達した労働者の手作業に頼っている．そのため国産材の生産コストは人件費に強く依存する．拡大造林が行われた高度経済成長以前には人件費の水準は低かったが，経済成長や社会保障の拡充に従い，当然ながら人件費単価は増大していった．北欧や北米の木材生産現場では，収穫から素材生産までをすべて重機で行って生産コストを節約しているが，地形が急峻な日本では完全な機械化は難しく，また小面積の私有林が多いことなどから集約化が進まない．そのため国産材の生産コストは海外の生産地と比較して高くなってしまう．そのうえ，1980 年代以降はシカなど野生動物による林業被害も発生しており（図 3.16 も参照），獣害対策の費用もかかるようになった．

　一方で，戦後から高度経済成長まで建設ラッシュにより高騰していた国産材

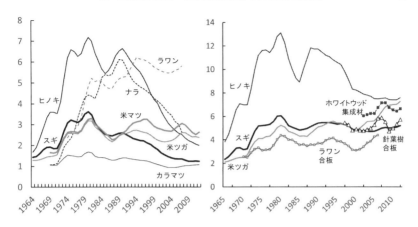

図 3.2 おもな木材の丸太の価格（左），および加工材の卸売価格（右）の推移（単位：万円/m³）．
林野庁統計に基づく．1964 年の木材貿易自由化以降のデータを前後 3 年の移動平均値で示す．加工材の卸売価格は規格により異なるが，ここでは各種の規格の平均値を表している．

（丸太）の価格は，1990 年代以降，下落傾向にある（図 3.2 左）．相次ぐ不景気に加え，木材需要の中心が従来の製材用材（丸太・角材・板材）から，合板や集成材用材（ラミナ：集成材の材料となる板材）へと移ったためである（図 3.1；4.1 節 (1) b も参照）．その背景には，木材需要の大半を占める住宅産業の変化がある．かつては地域の工務店（大工さん）が家を建てる形態が主流だったが，1990 年代からいわゆるハウスメーカーと呼ばれる，全国的に事業展開する企業が家を建てる形態が主流化した．ハウスメーカーは，より低コストで，安定した品質の家づくりをめざすため，なるべく安価で品質が安定した木材を求める．加工してもねじれや割れが生じず，安定した性質を示す集成材や合板は，高価な一級品の木材よりもハウスメーカーの需要に合致した．この材料革命により，高機能な住宅を安価で購入できるようになったが，高品質な丸太素材は供給がだぶつき，価格のデフレ化が進んだ（図 3.2）．生産コストをまかなえなくなった林業現場では，粗放化や管理放棄が進むことになった．

人工林が管理不足となっているもう一つの理由は，管理すべき人工林の面積が広すぎることである．拡大造林時代には，当時の労働単価や木材価格に基づくきわめて楽観的な見通しのもと，造林補助金の後押しもあって，じつに国土

面積の3割にあたる膨大な面積が人工林となった．一方，昭和30年頃には50万人いた林業就業者は，いまでは5万人を割るに至っている（林野庁 2018）．単純計算すると，林業従事者一人の肩に，じつに2 km²超の人工林がのしかかっていることになる．これを販売価格に見合わない生産コストをかけて管理するのでは理屈に合わない．しかも，山岳地域では都市部より人口減少や高齢化が進んでいる．人工林の手入れが行き届かないのも当然の話だ．

　国産材をめぐる経済状況の厳しさから，近年は，採算の取れない人工林を自然植生（草地や天然林）に戻してはどうか，という議論も上がってきた．林業地の維持にかかる補助金や税金免除などの行政負担や，花粉症による健康被害などを考えれば，確かにそうした議論には一理ある．しかし，その前に少し考えてみるべき問題がある．

　木材は，長期的な需要変動の予測が難しい一方，育成に数十年以上の年月を要する特殊な自然資源である．戦時中を除き，大正時代以来，日本は常に多くの木材を輸入してきた．それは単に国産材より外国産材の方が安いからではなく，国産材だけでは質と量の両面で，国内の木材需要を十分に満たせなかったためである．現在は，拡大造林時代に大量に植えた苗が一斉に成林したため，国産材の資源量が蓄積しているが，これは長期的な需給バランスの崩れによる一時的な現象かもしれない．木材の需給状況は，他の生産国や競合する輸入国の動向次第で目まぐるしく変動する．その変化に対応していくには，常時ある程度のストック（＝生立木）は必要である．日本の森林を再び枯渇させないため，また世界の森林資源をこれ以上損なわないために，常時どのくらいの用材林を国内に保持していればよいか，真剣に検討する必要があるだろう．また，日本は1980年代まで継続的に，国内の原生的な天然林から広葉樹の巨木を収奪してきた歴史もある．現存する貴重な原生林を未来に残していくためにも，人工林の活用をもっと考えていく必要があるはずだ．

　また人工林は，本来の用途は木材の生産でありながら，人間にさまざまなサービスをもたらす生態系としての側面もあわせもっている．もし人工林を他の生態系に変えた場合，それらのサービスや生態系機能は変化，もしくは低下する．逆に，人工林でも管理方針しだいで，多くの生物の生息地として十分に機能させながら，人間が多くのサービスを得ることも可能である．そのような森林管

理の考え方は，林業白書にいう「森林の多面的機能の発揮」や，生物多様性条約の COP10 で採択された愛知目標の「森林を含む自然生息地の損失速度を少なくとも半減させ，可能な場所ではゼロに近づける（目標 5）」「林業が行われる地域が，生物多様性の保全が確保されるよう持続的に管理される（目標 7）」，2015 年の国際サミットで採択された国連の持続可能な開発目標（SDGs）の「気候変動とその影響の緩和（目標 13）」「陸上生態系の保護・回復，持続可能な森林経営，生物多様性の損失の阻止（目標 15）」などの目標にも合致する．以下では，人工林生態系の性質や機能，それらと管理方法との関係性をみていこう．

(2) 人工林生態系の特性

人工林には天然林と異なる特徴がいくつかある．ここでは後の議論の基礎となる三つの代表的な特徴をまとめておこう．

a. 単純な空間構造

人工林の林冠層（上層）は，通常は 1 種か，多くても 2，3 種の樹種で構成される．木の年齢や大きさも均質で，林冠部にしか葉層をもたない．これは天然林と対照的である．天然林にも，環境条件や来歴によっては，1 種類の木だけで構成される森（純林）もある．しかし多くの天然林は，少ない地域で 4〜5 種，多い地域では 100 種超の樹木に覆われ，それらの樹木の大きさや年齢はさまざまである．そのため，天然林は複雑な 3 次元構造をしている．人工林の種組成や空間構造の単純さは，用材を育成・収穫する上では有利な性質だが，森林がもつ生物多様性は乏しくなりがちである（Ishii et al. 2004）．ただし，間伐の際に多めの本数を間引いたり（強度間伐），帯状にまとめて間伐したり（帯状間伐）することで，地表付近へ入射する光を増やし，生物多様性の減少を緩和できることも知られている（Ishii et al. 2004；図 3.3）．

b. 単調な構成樹種

日本では，人工林に植栽される樹種は 1 種かせいぜい 2 種で，この植栽樹種の性質が生態系の性質に強く影響する．スギ林とヒノキ林は，外観は似ているが，林内のようすはかなり異なる．スギの落葉（リター）は分解されにくく，塊となって地表に堆積する．このため，スギ林のリター層は雨で流れにくく，雨滴や踏みつけによる物理的なダメージから表土や生物を保護する（3.1 節(6)

参照).これに対し,ヒノキの落葉(リター)は乾燥すると細かくバラバラになってしまうので,表土を保護する役には立たない.そのため,ヒノキ林は林床植生や土壌動物相が貧弱で,雨滴や踏みつけによる衝撃によって悪影響を受けやすい(3.1節(5)参照).ほかにも,カラマツ林では野鼠害の防除のために殺鼠剤の使用が慣例となっていたり,マツ科樹木の森ではマツ科樹木と共生する菌根菌の子実体(キノコ)が多く発生する(2.1節(5)参照)など,植栽された樹種により林の特性は大きな影響を受ける.

図3.3 帯状間伐後のスギ人工林.東京大学千葉演習林(房総半島)の試験地.元はスギの一斉林であったが,写真手前側にあったスギだけを伐採した.伐採跡地は背の低い広葉樹やススキのブッシュになっている.(撮影:當山啓介)

c. 履歴効果

　成立後100年足らずの人工林は,過去の植生の影響をどこかに残していることが多い.人工林を収穫のために伐採すると,その跡地を覆うように急速に草木が繁茂するが(Sakai et al. 2005),その中にはよくカラスザンショウ,ウツギ,アカメガシワなどの樹木が混じっている.これらの樹木は伐採の直後から定着がみられるので,地中の埋土種子から発芽していると考えられる.実際,上記の樹木の種子は数十年にわたり地中で生存できることが確認されている.皆伐や間伐,台風などの攪乱が起こると,人工林の成立前後に生えていた樹木の埋土種子が発芽するのだろう.このように,攪乱以前の状態が後の生態系に影響することを履歴効果(legacy effect)と呼び,人工林の場合,履歴効果によって生物相が大きな影響を受けることがある.

　次に,すでに述べた空間構造の単純さ・構成樹種の単調さ・履歴効果という三つの特徴をふまえ,人工林生態系の機能について考えていこう.

(3) 人工林の生物多様性とその機能

　一般に,人工林は天然林と比べて生物多様性が低いと考えられている.林冠

を構成するスギやヒノキの葉はテルペンなどの油成分を多く含むため，植食性
の昆虫にとって利用しやすい食物ではない．また間伐の行われていない常緑針
葉樹の下は暗く，耐陰性の低い植物は生えられない．特に，早春の落葉樹林の
林床を彩る春植物群（スプリング・エフェメラル）（図3.10も参照）は，春にも
林床の暗いスギやヒノキの林にはみられないことが多い．また，人工林は空間
構造が単純なので，複雑な構造を好む鳥類やハナアブ類の種数は少ない．さら
に，除草や朽木・倒木の処理などの施業活動に伴う攪乱が，生物にとって不適
な環境を造りだすこともある．たとえば，除草は苗の保育や作業前の安全管理
のために必須の作業だが，これが行われている人工林には下層植生がほとんど
存在しない．下層植生がなければ，植食性の昆虫やそれらを餌とするクモや寄
生蜂，食物連鎖のより上位に位置する鳥も少なくなる．また，天然林内でよく
みる腐朽木や倒木は，人工林内では作業の安全と効率のために撤去される．腐
朽木は生物多様性の観点ではきわめて重要な資源で，微生物やシロアリなどの
餌源となり，オサムシ類などの昆虫の隠れ家や越冬場所となる．また立ち枯れ
た木の樹洞は，モモンガやヤマネなどの小動物や，キツツキやカラ類など鳥類
の棲み家にもなっている．倒木は，次世代を担う後継樹にとっても重要である．
病気に弱い実生にとっては稀有なセーフサイト（定着適地）であり，蓄積量が
減少している北海道のエゾマツなどは，自然状態ではほぼ倒木の上にしか実生
が生えられない（これを倒木上更新と呼んでいる）．これだけの貴重な資源が
失われると，当然のことながら生物多様性は天然林より数段低くなる．実際，
人工林は二次林や老齢林と比較して，植物や昆虫，鳥類などの種数が少ないと
する報告は多い（Peterken and Game 1984, Qian et al. 1997, 頭山・中越 1994）．

　だが，天然林より種数が限られるとはいえ，人工林内にも森林棲の動物は少
なからず出現する．林内の水たまりや湧水地では，両生類や水浴びをする鳥の
姿がみられる．マツ科の球果は齧歯類や鳥類の重要な餌となる．アカネズミ，
リス，モモンガなどは人工林でも比較的よく観察される動物だが，これはスギ
林の柔らかいリター（落葉・落枝）層がネズミの巣穴に適することや，リスや
モモンガがスギやヒノキの樹皮を好んで巣材にすることと関係していそうだ．
シカやクマは，植栽木の樹皮を剥いで中の形成層を食べるために人工林に通っ
てくる．地形が平らで見通しのいい人工林内には，シカが好んで寝床を作る．

人工林はすべての生物にとって価値の低い森というわけではない．

人工林の林齢や環境条件，管理状況によっては，周辺にある天然林と同等か，場合によってはそれ以上の生物種がみられることもある．特に，植栽初期の若齢人工林や強度間伐後の人工林では，履歴効果によって，薪炭林の伐採後と同じような二次遷移初期のブッシュ状植生が発達する（長池 2000；図3.4）．そこには，二次林の管理放棄によって数を減らしている，攪乱地を好む植物が多く出現し，それらの植物の代替生息地となっている（Ito et al. 2006）．このような場所は，地域の人々が草本植物や陽樹の新芽などの山菜を採るのにも好適である（齋藤 2005）．明るい林床に草木が繁茂して植物の種数が多くなれば，それらの花に訪れるハナバチなどの種数や個体数が増えることもある（Taki et al. 2013など；図3.5）．人工林の皆伐や間伐によって林内にできた草地的な環境は，草原性の昆虫にとって本来の生息環境とほとんど変わらないようである．長野県南部の山間地域では，スギ・ヒノキの植栽や間伐が盛んに行われていた昭和40年代までは，おびただしい数の草原性蝶類（ヒョウモン類やシロチョウ類など）が人工林周辺でみられた（宮下 2014）．

一方，植栽から年数が経過し成熟した人工林の下層では，ハナバチなどは姿を消すが（Taki et al. 2013；図3.5），除草に遭わない限り，アオキ，ヒサカキ，クロモジなどの低木やシダ植物など，安定したやや暗い環境を好む植物群が繁

図3.4　強度間伐後のヒノキ人工林．丹沢山地の神奈川県有林にある，生物多様性に配慮した人工林管理の試験地．

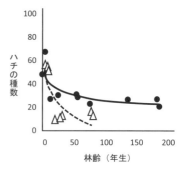

図3.5　人工林（△，破線）と二次林（●，太線）の遷移に伴うハチの種数の変化．
Taki et al.（2013）を改変．

3.1 針葉樹人工林：世界経済に翻弄される巨大生態系　　　85

図 3.6 スギ人工林の林床（千葉県房総半島）．
常緑の低木やつる植物，スゲなどが豊富に生える．

茂するようになる（図3.6）．シダ類など一部の植物には，リター層が厚く水分条件が良好なスギ人工林の林床に特徴的に出現し，近隣の天然林にはみられないものもある．

　このように人工林は，管理状況によっては，失われつつある草原性の種や二次遷移初期種，古来の森林環境の遺存種などの貴重な生息地となりうるのである．

　用材生産を元来の存在意義とする人工林において，生物多様性の維持を考える必要性を理解しづらい人もいるだろう．しかし，人工林の生物多様性を高めることには，人間社会にとってプラスになることもある．茨城県の里山で行われた研究によると，ソバ畑の周辺に二次林があると，ソバ畑に来るニホンミツバチの数が大きく増えるのに対し，人工林にはそのような効果はみられなかったという（Taki et al. 2011）．ミツバチはソバの受粉を助ける「送粉者」なので，二次林を人工林に転換した結果ミツバチが減れば，ソバの生産には悪影響が出てしまう．ミツバチをはじめとする野生の送粉者は，ソバだけでなく，日本の農業生産に莫大な利益を与えており（小沼・大久保 2015 によれば3300億円/年），その機能が人工林の存在によって減退すれば，深刻な経済損失となる．また，生物多様性の高い森には，林業や農業に害をなす虫の天敵となる，捕食者や寄生者が生息しうるとされている（Maleque et al. 2009）．人工林の管理を工夫して生物多様性を高めた結果，人工林が送粉や害虫制御などの福利（調整サービス）を発揮するようになり，地域全体の農業生産の向上・安定につながるのなら，その意義は大きいだろう．

(4) 人工林の防災機能

　樹木の根には，森林の土（表土）をつなぎ合わせ，表層崩壊（地表付近で起きる土砂崩れ）を抑止する効果がある．この効果は，根が深く・広く分布している植生ほど大きいので，草地より森林の方が優れ，森林の中では若い林（〜

10 年生）より古い林（20 年生〜）の方が優れる（阿部 2018）．表土をつなぎとめる効果の高さは，生えている植物の根の量に単純に依存する．人工林は，植物の種数は少ないが，生えている樹木の根の量は多いため，天然林と同等かそれ以上の表土保持効果をもっている．

人工林はやがて収穫時に伐採されるが，面白いことに，伐採後の根株にもしばらくは表土保持効果が残り，やがて時間とともに消失することが知られている（阿部 2018）．人工林を皆伐した後で速やかに苗を植栽した場合，土砂の移動を防ぐ根の力は，10〜12 年後頃に伐採前の約半分まで低下するという．表土保持の観点からは，この力が弱まる前に，新しい木の苗をなるべく密に植えて，根茎の密な森林を復活させる必要がある．しかし，あまり密に単一樹種の苗を植えることは生物多様性を損なう可能性があり，議論を呼びそうだ．

森林の表土保持効果は，江戸時代にはすでに広く認知されており，幕府や諸藩が森林保護に取り組んだ大きな理由の一つだった（1.5 節参照）．その一方で，この機能に対しては，しばしば過大な期待が寄せられてきた．森林の表土保持効果は，森林土壌の流失や，軽度の土砂崩れの発生頻度を低下させるが，大規模な土砂崩れを抑え込むようなはたらきはない（小山内 2018）．当然ながら，根系より深いところで起こる崩壊は森林には防げないからだ．むしろ，森林が近隣で発生した土石流に巻き込まれると，土石流中に流木が混じっていっそう被害が拡大することがある．防災計画において森林の表土保持機能を利用する際にも，母岩の性質や傾斜などの性質に応じて，土留めなどの土木工学的な施工も適用するのが通例となっている．

(5) 人工林の水源涵養機能

森林には，降った雨をしばらく土の中に確保しておき，徐々に放出することで，表土の流亡や洪水を抑止し，下流へと水を安定的に供給する機能もある．それらの機能をまとめて，森林の水源涵養機能と呼ぶ．流域から河川に流れ出る水の総量は，地形や母岩の条件が同じなら，森林がない場所の方がある場所より断然大きい．東京大学千葉演習林において行われた，隣り合う二つの流域のうち片側で森林をまるごと伐採する実験（対照流域法）では，森がなくなった流域から流出する水の量は，森が保存された隣の流域に比べて 20％も増え

た（小田ほか 2017）．

　森林の水源涵養機能のメカニズムは次のとおりである．まず森に降った雨のうち，一部は草木の葉や落葉などの表面に付着してそのまま蒸発し，一部は斜面上を流れ下るが，残りの水は土の中へ浸透する．浸透した水は，表土中に含まれる多数の孔隙（穴）の中に一時的にトラップされ，土壌中の孔隙が飽水すると，改めて下方に流れ出す（図 3.7）．流出せず孔隙中に留まった水の大部分は，やがて植物に吸い上げられ蒸散により大気中に戻るか，地表面から蒸発する．したがって，保水力のある穴を豊富に含む森林の土壌は，流量を平均化し，洪水や渇水を抑止する機能をもつ．発達した森林は未発達な森林より，植物体の表面からそのまま蒸発したり，吸い上げられたりする水の量が多いので，森林外へ流出する水の総量は少ない傾向がある．

　このようなメカニズムのため，森林の水源涵養機能は，森林を構成する植物の種数だけでなく，植生や地表に堆積するリター（落葉）の量に強く依存する．森林の土は，土壌動物に破砕されたリターが混ぜ込まれることや，リターを食べて分解し，丸い糞にするミミズなどの活動によって，大小さまざまな孔隙を含むようになる．広葉樹林やスギ人工林では，表土の上に降り積もった落葉が，表土を雨滴や踏みつけの衝撃から保護することにより，土壌中の孔隙率（穴の

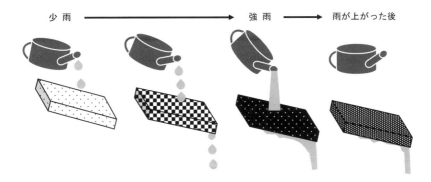

図 3.7　水源涵養機能の実験．
　　　　森林の土に見立てた皿洗い用のスポンジに，上から水をかけてみよう．ごく少量の水ならスポンジの穴にすべて吸収されてしまう（左）．やがて，スポンジの穴がいっぱいになり，吸収しきれない水が流れ出し（中左），かける速度と流れ出す速度がつり合うようになる（中右）．水を止めてもしばらくスポンジにたまった水が流れ続ける（右）．

体積率）を高く保つ．ところが，前述のようにヒノキのリターは乾燥するとバラバラになるため，ヒノキ林ではリターが表土の衝撃緩衝材とならない．また，樹冠の閉鎖したヒノキ林は，林床が暗く林床植生が繁茂しにくいので，植生によっても表土は保護されない．そのため，間伐が不十分な高密度植栽のヒノキ人工林では，土壌中の孔隙がつぶれて土が硬くなりやすい．そのようなヒノキ林は，他の森林タイプに比べて表土に水が浸透しにくく，また浸透した水も保持されにくいとされる．

　以上の背景を考えると，森林の水源涵養機能は，人工林か天然林かより，管理の方法に大きく左右されることがわかるだろう．ヒノキ林でも，強度に間伐を行って下層植生を繁茂させれば，水源涵養機能は高めることができる．一方，天然林であっても，シカの影響や遷移の進行によって林床植生が消失した状態では，土壌中の孔隙率が低下し水源涵養機能は低下することがある．

(6) 人工林の管理と生態系機能の関係

　ここまでみてきたように，人工林は管理方法によってその生態系機能やサービスの特性が変化する．一般に，人工林がもつ複数の機能の間にはトレードオフの関係があり，すべての機能を最大化するような管理は難しい．たとえば，間伐強度を高めるなどして下層植生を繁茂させれば，人工林であっても二次林と同程度に生物多様性の高い状態を作り出せる．しかしそのような森は，用材生産作業の効率や安全性の点では大きな問題がある．また，若齢人工林や強度間伐後の人工林は，成熟した一斉林に比べ，生物の種数や機能群の数は多いが，樹木根茎のネットワークが未発達なため，表土を保持し表層崩壊を抑止する機能はやや劣る．一方で，水源涵養機能と生物多様性は，ともに明るく下層植生が豊かな場所で高いため，これらの機能は両立可能である（シナジー：synergy）．ただ，生態系の機能間にはシナジーよりもトレードオフの関係があることが多い．そこで，日本の森林政策では，森林ごとに重要視すべき役割を決め，それぞれの森林がその求められる機能を最大化するような管理が推奨されている．

　適度に間伐が行われ，下草が繁茂している人工林は，生物多様性や水源涵養機能の面で，周囲の天然林より優れる場合がある．筆者らは2005年と2016年の2回，房総半島の森林を対象に，ニホンジカ（シカ）の生息密度と下層植生

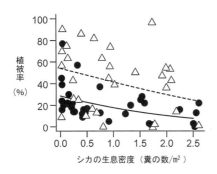

図3.8 シカの生息密度と下層植生の量（植被率）の関係.
この研究では、シカの影響を受けているスギ人工林（△，破線）は，同程度の影響を受けた二次林（●，太線）に比べ，多くの下層植生が多く維持されていた．Suzuki et al. (2008) を改変.

の量や種数との関係を調査した．人工林でも天然林（二次林）でも，シカの生息密度が高い地域ほど下層植生が少なかったが，シカ密度が同程度の地域で比較すると，スギ人工林の方が天然林より，下層植生の量・種数とも数段多かった（Suzuki et al. 2008；図3.8）．スギ人工林の下層が，天然林の下層と比べてシカの影響を受けにくいことは，他の研究でも指摘されている（柳ほか 2008）．それには二つの理由が考えられる．第一に，スギの人工林はいわば「木の畑」であり，日照・水分条件がよく，傾斜が緩い場所に設置されやすい．そのため生物全般の生産性が高く，結果として攪乱への耐性が高いと考えられる．第二に，スギのリターは独特の立体構造をもっているため，リター層が厚く堆積して高いクッション性をもち，表土の流失が起こりにくい．天然林では通常，シカの影響で下層植生が減少すると，表土が雨滴や踏圧の衝撃にさらされ，土壌やその中の種子が流失しやすくなるが，リター層が豊富なスギの人工林はそのような現象が起こりにくいのである．これらの影響が相まって，スギ人工林の生態系は，シカの影響にある程度の耐性を示す．シカによる生態系への影響が全国的に無視できなくなっている現在，生物多様性を増加させようとして安易に人工林を天然林に転換すれば，逆にシカの悪影響を増幅してしまうかもしれない．

(7) まとめ：持続的な森林資源と生態系サービスのために

人工林も天然林と同じくさまざまな生態系機能を有し，そこからわれわれの生活を保障・扶助するサービスが供給されている．近代までの日本は，それらの生態系サービスへの依存度が強く，その持続的利用のために積極的なはたらきかけを行ってきた．しかし，現代では森林がもつ生態系サービスに対する認

識は薄まり，人工林は単なる材木や炭素の塊とみなされる傾向にある．森林・林業白書でも，林業・林産業生産の向上に冊子の大半が割かれ，「生物多様性」に関する記述は2ページ未満にすぎず，生態系サービスという言葉は登場しない．

　確かに，現代の人工林には明治期以降の過剰伐採によって成立したものも多く，諸手を挙げて賛美するようなものではないが，それでもきちんと管理すれば，国土保全，水源涵養，気候変動の緩和，森林棲生物の生息地などのサービスを提供してくれる．問題は管理資金の不足で，従来はこれを林業補助金という形で行政が補ってきた面がある．今日では，人工林に必要な手入れを施し生態系サービスを提供している森林保有者に対して，サービスの受給者である市民が明示的に資金や労力の負担を行う制度が登場している．これらの取り組みについては第4章で詳しく紹介する．

　「多すぎる」といわれる人工林の将来を考える際に，もう一つ知っておくべきことがある．日本は現在，年あたりおよそ8000万 m³ という膨大な量の木材を消費している．これは日本軍が強制伐採を行っていた頃に迫る消費量であり，その約3分の2が海外から輸入されている．この大量な木材の輸入によって，輸入元の森林資源が減少し，多くの生物が絶滅の危機に追いやられているとの指摘がある（Lenzen et al. 2012）．特に東南アジア諸国への影響は大きく，インドネシアやパプアニューギニアからの輸入は，現地に固有のスマトラトラやミユビハリモグラなどの絶滅危惧種の生存を危うくしている．木材などの産品の輸入や消費が間接的に絶滅危惧種に与える負荷は「生物多様性フットプリント」と呼ばれている．上記の論文が書かれた時点では，日本は先進国の中でアメリカに次いで，貿易による生物多様性フットプリントが大きかったのである．こうした指摘を受け，日本は国際社会における責任に応えるべく，持続的な方法で生産された認証木材だけを輸入する方針を打ち出した．だが，この方針が完全に遵守されているとは思えない．新国立競技場の建設過程で，コンクリ型枠にマレーシア・インドネシア産の違法木材が使用された疑惑が報じられたことは，記憶に新しいだろう（朝日新聞2017年9月13日）．それにそもそも，他の木材消費国も日本と同じように認証材を使用しようとするため，すべての輸入材を即，認証材に制限することは，現実的には厳しい．そうなると，より

根本的な責任の果たし方としては，木材消費量自体を削減すると同時に，国産材の持続的な生産によって木材の自給率を上げていく努力が必要だろう．そして，国産材を持続的に生産するためには，森林が一年間に成長する量と同程度の木材を毎年収穫し，森林内には常に一定量の木材のある状態を維持することが理想である．収支（フロー）と蓄積（ストック）の双方のバランスを維持するべきだろう．江戸時代の林業ではまさにそうした発想で資源管理が行われていたのだが，明治以降，国内全体の木材蓄積量は社会の変化とともに，激痩せし，やがて激太りに転じた．まるで人間の現代病のようである．人間が食べた分だけ活動し排泄するように，自国内で持続的な木材生産地を増やすことで，人工林の生態系機能の保全と，海外の森林の保護につながるはずだ．

　人工林が「多すぎる」という認識のもと，近年は国産材をバイオマス・エネルギーとして利用する動きも過熱している．地域の人工林が持続的に管理される範囲内なら歓迎すべき動きだが，燃料の獲得のために急速な森林伐採が行われている地域もある．この大きな問題については，第4章で再度詳しく取り上げる．

3.2　二次林：アンダーユースと地域社会

(1)　二つの「二次林」

　日本の森林面積の6割を占める天然林（人が植えたのではない森林）のうち大部分は，森がいったん破壊された後に自然の力で回復した「二次林（再生林）」である．二次林には台風や山火事などの自然攪乱の跡地もあるが，日本に現存するほとんどの二次林は，以下の2種類の人為攪乱に由来する．一つめのタイプは，昭和初期まで燃料・肥料・家畜の餌・食料などの生産の場であった，いわゆる「里山」である．これは農用林とも呼ばれるが，近年の人間活動の停滞とともに放棄され，二次遷移が進んでいる．もう一つのタイプは，明治時代～拡大造林期に老齢の天然林から用材が切り出された跡地である．このタイプは北海道や亜高山帯に多く分布する（1.4節を参照）．2種類の二次林は文化的な意味合いが異なるだけでなく，生態学的にも異なる状態にあるため区別して扱

う必要がある.

　いわゆる「里山」が放棄されたタイプの二次林では，燃料材として優れるコナラ属（ナラ・カシ・クヌギなど）の樹種が優占し，それらは根元近くで萌芽している場合が多い（口絵4）．チャノキ（茶），アカマツ，タケ類，ミョウガ，シュロなど，人に植えられたり人里から逸出したりした植物がみられるところもある．このタイプの二次林は，長らく加えられた人為の影響により，人手が加わる以前の森林とは異質な生物集団によって形成されている．一方，用材伐採跡地の二次林には，細くて背の低い木が多く，萌芽株は少ない（口絵5）．林内のところどころに大径木の切り株がみられることもある．このタイプの二次林は，台風や山火事などの自然攪乱の跡地と似たような状態で，人為による積極的な種組成の改変は行われていない.

　本節では，「里山」が放棄された方の二次林（以下，放棄二次林と呼ぶ）の現状について考える．用材伐採跡地の二次林を放置すると，よほど伐採圧が強くない限り地域の自然に合った状態に遷移していくので，生物多様性の保全上はさほど問題にならない．しかし，「里山」が放棄されると地域の原生植生には戻らないどころか，人間の営みを利用して生きていた「里山」に特有の生物が失われてしまうことがある．いわゆる「生物多様性の第二の危機」（＝アンダーユース）による生物多様性の減少が危惧されるのである．以下では，まず里山に棲む生物について簡単に言及したのちに，二次林の放棄に伴う遷移で起こる生態系の劣化の例をみていこう.

(2)　二次林の生物種

　里山の代表種といえば，まずはブナ科のコナラ属，シイ属，クリ，マテバシイであろう．縄文時代から，燃料材・用材・食料として人の暮らしを支え，人に保育されてもきたグループである.

　落葉性のコナラ，ミズナラ，クヌギ，クリなどは，暗い遷移後期の環境で更新することが難しく，放棄二次林では次第に本数を減らしていく傾向がある．コナラやミズナラは寿命が長いので，遷移後期の林にも老いた大木がみられるものの，幼木や若木はみられなくなり，入れ替わりにブナなどの暗所で生育可能な種が台頭していく．これらの樹種の果実（ドングリやクリ）は，鳥や哺乳

類の行動や個体数変化に強い影響を与える（コラム4参照）.

コラム4　悪魔の契約─ドングリをめぐる森の騒乱─

　ブナ，コナラ，クヌギなどのブナ科の樹木は堅果（ドングリ）をつくる．ドングリの体積の大部分は炭水化物を主成分とする子葉（ふたば）が占めている．この炭水化物は，種子が発芽してから自活できるようになるまでの間，芽生えの生存を助けるために，親木が持たせたいわば「お弁当」である．人類や動物が，ドングリの（たいして堅くない）殻を食い破れば，この「お弁当」をたやすく略奪できてしまう．そのため，ドングリは人類にとっても，動物にとっても，重要な食物資源である．

　秋に山から里に下りてくるカケスはドングリが好物で，食糧不足に備えてドングリを地面に貯蔵することが知られている．より体が小さいヤマガラやシジュウカラもドングリを木や倒木の割れ目に貯蔵する．鳥にとって，冬期の餌不足をしのぐ上でドングリは重要な役割を果たすのだろう．アカネズミやヒメネズミなどの齧歯類もドングリを貯蔵する性質をもつ．鳥やネズミが貯蔵したドングリはすべてが消費されるわけではなく，忘れられて放置され，春に発芽するものも少なくない．動物によって運ばれた先で発芽して成長できれば，ブナ科樹木は大いに分布を広げることになる．カケスなどは，ドングリを数百mも離れた場所に運んで貯蔵することもあるらしい（宮木1988）．最終氷期以降の温暖化によってブナやナラ類が分布を急速に拡大できたのも，鳥による種子の運搬によるのではないかとの説がある．確かに，移動が何千年も繰り返されれば，100kmスケールでの分布拡大も可能だろう．

　このドングリと動物の関係を，ブナ科樹木の立場で考えてみよう．親木は種子の「お弁当」を作る際に，大量の養分を母体から吸い取られている．それをみすみす動物に横取りされているとしたら，あまりも人の好い話である．しかし，この一見のんきそうな現象の背後には，じつはブナ科樹木の冷酷な戦略がある．一見お人好しっぽい人がじつは一番怖いのだ．有名な話だが，意外に知らない人も多いので説明しておこう．

　ブナ科の多くの樹種は年ごとに激しくドングリの生産量を変動させるうえ，近隣地域の個体間で豊作・凶作が同調する"masting（成り年）"という現象を示す．このため変動の大きい樹種では，豊作年と凶作年のドングリ生産量は1000倍も違う．豊作シーズンの直後には，ドングリを食べて栄養状態のよくなった齧歯類の親から，たくさんの子が生まれる．ところが，翌シーズンのドングリ

はほぼ確実に凶作となるので，生まれたネズミの子たちはすべからく路頭に迷い，他の餌を得られなければ餓死する．そのため，ブナ科堅果とネズミの個体数の変動は，きっちり半年遅れの高い同調性を示す．

ブナ科樹木にとって，ドングリの捕食者が死ぬことは織り込みずみだ．植物の親には，散布した種子を守るために使える手段は限られている．その限られた手段の一つが「捕食者が少ない時に大量の種子を一度に作り，食べ残される確率を高める」というものだ（捕食者飽和）．成り年現象のおかげで，豊作翌年に増えた子ネズミは餌不足で死ぬ．こうして捕食者が減った後で次の豊作を迎えれば，種子が食べ残される確率は高まる．ブナ科はそうやって種子の捕食を回避しながら，何万年も栄えてきたと考えられている．親が身を削ってお弁当を作る価値は十分にある．それどころか，動物の方がブナ科との「悪魔の契約」に取り込まれてしまっているともいえる．

ドングリをめぐる自然界の騒乱は，多くの付帯する自然現象を引き起こす．クマのように世代時間の長い動物は，ドングリ凶作年には死ぬかわりに，行動範囲を拡大して別の餌を探そうとする．ここで「別の餌」となった植物の種子は，クマのお腹に入ってから長距離を移動し，これが新天地を探す絶好の機会となる．一方で，ドングリ凶作年にはクマが人の生活圏へも出てきやすく，しばしば人との摩擦の種となる．シカやイノシシ，サルなどの動物も，ドングリ凶作年に餌を求めて人里へ出没しやすい．また，ドングリをめぐるネズミの数の変動は，ネズミを餌とするヘビや中型動物に影響する一方，ネズミを吸血するマダニの数を変動させ，マダニが媒介するさまざまな病気の流行にも影響する．このように，ドングリは単なる森の恵みではなく，生態系や私たち人間の生活を，良くも悪くも騒がせる存在なのである．

クヌギやコナラは，里山に棲む多種多様な昆虫にとってきわめて重要である．カブトムシやクワガタムシがクヌギやコナラの樹液に群がっているようすは，子どもならずとも心躍る光景ではないだろうか．そのほかにも，カナブンやケシキスイ，カミキリなどの甲虫，キシタバなどの蛾類，オオムラサキやキマダラヒカゲなどの蝶類，オオスズメバチなど，樹液に集まる昆虫は枚挙にいとまがない（図3.9）．日本に古くから根づいている虫取りの文化の形成に，雑木林が一役買ってきたことは間違いない．

二次遷移の初期から中期に出現する植物には，コナラやクヌギなどのブナ科以外にも，私たち日本人に馴染みの深い種が多い．日本人が愛してやまないサ

図 3.9 雑木林の代表的な昆虫（口絵 6 参照）．
樹液に集まるオオムラサキ，オオスズメバチ，カナブン（左），
およびシロスジカミキリ（右）．（写真左：宮下俊之）

クラの仲間は遷移初期〜中期の代表種で，寿命も長くないため遷移後期の林にはみられない．ソメイヨシノは江戸末期に作られた園芸品種だが，ヤマザクラやオオシマザクラは里山に最も普通にみられるサクラである．和歌に詠まれるヤマブキや，キイチゴ類，山菜の代表格であるタラノキ，和食には欠かせないサンショウなども，攪乱跡地を好む遷移初期種である．これらの植物はいずれも遷移後期の環境では生育できず，伐採によって周期的に発生する明るい環境を「当てにしている」ともいえる．また，上記の植物はどれも，果実を鳥や哺乳類（特に食肉目）に食われて種子が運ばれる（液果）．食肉目の中には縄張りを誇示するためか，目につきやすい，明るい場所で糞をする性質をもつものがある（著者の鈴木は登山道脇のベンチに垂れてあったテンの糞の上に座ってしまったことがある）．そのような場所へ種子を運んでもらえるのは，発芽や成長に十分な光を必要とする植物にとって有利なことだ（中島 2014）．つまり，動物を利用することで，明るい場所を効率よく渡り歩くことができるのだ．

　落葉広葉樹の二次林には，足元にも目を引く植物がある．その代表格は，早春に美しい花を咲かせる草本類であろう．これらはスプリング・エフェメラル（あるいは春植物）と呼ばれている．カタクリ，フクジュソウ，ニリンソウなど，野草好きでなくても聞いたことのある春の植物の多くはスプリング・エフェメラルである（図 3.10）．早春にはまだ樹木の葉が展開していないので，林床には豊富な陽光が降りそそぎ，存分に光合成ができる．また，冬の眠りから覚め

たばかりのハナバチやハエ類が，ほかにほとんど蜜源のない雑木林を飛び回るため，送授粉も効率的に行うことができる．晩春になり，上層の樹木の葉が茂ってくると，これらの植物は種子をつけ，地上の植物体は枯れて，翌年まで長い休眠状態に入る．

スプリング・エフェメラルは，中国北部や沿海州，サハリンなどにも分布しており，氷河期に日本に入ってきたと考えられている．最終氷期以降の温暖化により，日本列島の落葉広葉樹林の多くは照葉樹林に置き換わり，春の林床に陽光が降りそそぐ明るい森林は減少した．そのため，日本におけるスプリング・エフェメラルの生育適地は，少なくとも潜在的には著しく減じたといえる．だが，雑木林では樹木が薪炭として定期的に伐採され，落葉樹が優占する明るい林が長期間にわたって維持されてきた．そうした人の営みが，氷河期の遺存種といわれるスプリング・エフェメラルを意図せず守ってきた．そのため，植生の遷移が進めば暗い照葉樹林になるはずの関東地方の丘陵部でも，これら植物は比較的身近な植物だったのである．

アカマツも里山の重要な構成要素である．アカマツ林はかつて本州以南に広く分布する景観要素であった．明治初期に陸軍が作った関東地方の地図（迅速図という）をみればそのようすをうかがい知ることができる．迅速図には，現在の国土地理院の地図に比べれば大雑把な土地利用しか記されていないが，それでも，田，畑，椚（クヌギ），松などの記載がある．南関東の迅速図をみると，

図 3.10　スプリング・エフェメラル（口絵 7 参照）．
　　　　カタクリ（左），およびエゾエンゴサク（右）．

3.2 二次林：アンダーユースと地域社会

東京都市部の西部や北部のいわゆる武蔵野台地にはクヌギ林が広がっているのに対し，東側の下総台地から房総丘陵にかけてはマツ林（アカマツ）が広大に広がっている（小椋 1994；図 3.11）．クヌギを中心とする落葉広葉樹林とアカマツ林は，関東の里山を代表する二つの里山林だったのだ．なぜ都心を境に東西で林の違いが生じたかは定かではないが，下総台地には江戸時代まで広大な「牧」が広がっていたことも関係しているかもしれない．迅速図には，マツ林の高さは数 m～10 m ほどで，下草を毎年刈るので，林内を歩き回ることが容易であったという記述がある（小椋 1994）．現在のアカマツ林とはまったく違い，背の低い草原的なマツ林が広がっていたようだ．こうした背の低いアカマツは，薪炭のほか，落葉が田畑の肥料としても使われていたらしい．

　アカマツは比較的貧栄養の土壌を好み，過湿にも乾燥にも耐えることから，遷移初期の群落によく出現する．しかし，遷移が進行し土壌が発達するにつれ，アカマツは衰退して他の樹種に置き換わっていく．アカマツ林はかつて落ち葉掻きや除草などの定期的な管理によって維持されていたが，燃料革命後，管理の停止とともに衰退していった．現在では，遷移によって形成された広葉樹林

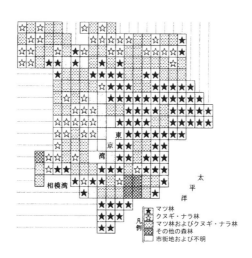

図 3.11　迅速図から読み取った明治初期の関東南部における森林タイプ．
東部にマツ林，北西部にクヌギ・ナラ林が広がっている．小椋（1994）を改変．

の上に，高齢のマツが数本頭を出している景観が各地でみられる．こうした生き残りのマツも，後述のマツ枯れによって死滅しつつある．アカマツは，松根油として使われたことからもわかるとおり，材が樹脂（松脂）を含み燃料としてきわめて優秀である．また加工しやすく強靭で美しい大径材は，かつて建築用材として人気があった．さらに，共生菌であるマツタケは，よく手入れされたアカマツ林に多くみられる．アカマツ林の衰退は，各地域の伝統的な景観の衰退，優秀な用材・燃材であるアカマツの減少，国民的人気食材であるマツタケの減産という三つの問題を同時に引き起こしている．

　アカマツ林の減少は，アカマツを棲み家や餌として利用する動物にもダメージとなる可能性がある．里山の絶滅危惧種として有名なオオタカや，兵庫県などで野生復帰が進んでいるコウノトリは，しばしばアカマツの大径木に営巣する．アカマツは用材として価値があったので，オオタカやコウノトリが多く生育する里山的な環境でも比較的，大木になるまで保存されやすかったし，大型の巣を支えうる水平な大枝をもつため，営巣場として都合がよかったのだろう．栃木県那須野が原では，オオタカの巣の9割以上がアカマツの樹上に造られていたという事例もある（堀江ほか 2006）．コウノトリも，江戸時代の昔からアカマツの高木に営巣することが多かった（ちなみにマツの樹上で休む「ツル」の姿がよく日本画や花札に描かれているが，これはコウノトリをツルと取り違えたものである．実際のツル類はもっぱら地上生活者で，高い樹上に止まることはない）．さらに，最近各地でめっきり減っているハルゼミも，マツ林に特異的に生息している．ハルゼミは名のとおり平地では4月下旬，低山地でも5月下旬までに現れてマツ林で「ギーコ，ギーコ」と鳴く．その一斉に鳴くありさまは古来人の関心を引いたらしく，俳句の季語で「松蟬」として親しまれてきた．戦後まもない頃までは東京都区内でも記録があり，平成初期までは郊外の田無市（現 西東京市）のマツ林でも少ないながら鳴いていた．しかし，いまでは八王子の丘陵地あたりまで行かないとみられなくなり，東京都では絶滅危惧種になってしまっている．

(3) 二次林の遷移と生物種数の変化

　樹木を伐採した後にできる裸地は，強い直射日光を受け，乾燥や気温の変化

にさらされる．二次遷移の初期にはまず，この過酷な環境に適応できる性質をもった種が，埋土種子や萌芽から回復したり，周辺の母樹から散布されるなどして侵入する．遷移初期の伐採跡地では生育スペースに余裕があるので，伐採跡地の外部から植物の種子が次々に到着し，植物の種数は漸次増加する．スペースが飽和してくると，先に定着した植物が新しい種の侵入を阻むようになり，植物種数の増加は停止する．すでに定着している植物どうしの間でも，限られた生育スペースや光，水，養分をめぐる競争が次第に激しくなり，競争に敗れた種は消失する．この繰り返しにより，林内の植物の種数は次第に減少していく（図 3.12）．さらに長い年月が経過すると，競争に負けた幹が枯れていき，林内の光環境が改善して新しい種が加入してくることもある．宮崎県の放棄二次林における調査では，樹種の多様性は伐採後 3～18 年目の若い林と 59～84 年目の老齢の林で高く，23～46 年目の二次林でやや低いというデータが得られている（井藤ほか 2008）．

　遷移による種の入れ替わりや増減は生態系の自然なプロセスであり，それ自体は悪いことではない．遷移後期の森林には，湿潤で環境変動の少ない環境を好むシダやカンアオイなどの植物や，暗所でも更新できる長命な樹木種（ブナやトウヒなど）が多く出現する．これらの植物種も，種の保存の観点からは大

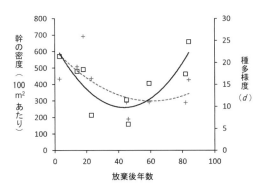

図 3.12　常緑樹林帯における里山二次林の放棄後（伐採後）の年数と，樹木（高木）の種多様度を表す指数 Gleason's d（□，実線）および幹密度（+，破線）の関係．
井藤ほか（2008）のデータに基づく．

事な対象といえる．一方，スプリング・エフェメラルに代表される遷移初期〜中期の環境を好む植物は，二次林が放棄されるとやがて消失する．環境省レッドリスト（2017年版）維管束植物部門に掲載されている種の大部分はこのグループに属する．

関東地方北部の里山林で行われた研究では，高さ1.5〜2m以上の樹木の種数は，放棄後年数とともに徐々に増加したが，林床植物の種数は放棄後年数とともに減り続けた（加藤・谷地 2003：図3.13）．林床植物が減るのは，林冠が鬱閉して林床に届く光の量が減ることや，遷移によって照葉樹が増えて春先でも暗い林になることがおもな原因だが，ササの仲間のアズマネザサ（中部以西ではネザサ）が森林の下層部を占拠することにもよる．アズマネザサはクローンで株立ちして密生するので，他の植物を締め出してしまう．林床植物の種数は，上層の樹木の発達の度合いよりも，むしろ下層のアズマネザサの発達度合いにより衰退するという（Iida and Nakashizuka 1995）．アズマネザサがはびこると，スプリング・エフェメラルはもちろん，キンランやイチヤクソウなど，比較的暗い林床にも生育できる種も排除されていく．

かつての雑木林の管理は，上層木や下層植生の刈り取りによる光環境の維持だけでなく，落葉の外部への持ち出しにより土壌の富栄養化を防ぐ効果もあった（加藤・谷地 2003）．森林に限った話ではないが，土壌の富栄養化は競争力の強い特定の植物種の優占を助長する．雑木林の落ち葉掻きは，ほどよい貧栄

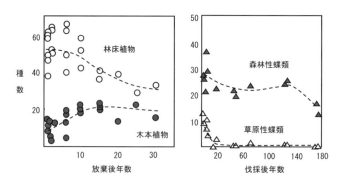

図3.13 関東の里山二次林の放棄後（伐採後）の年数と植物種数（左），および蝶類種数（右）の関係．
加藤・谷地（2003）と井上（2007）を改変．

土の中の美しい生き物たち
超拡大写真である不思議な生態

びっくりするほど美しいダニやトビムシの世界を美しい写真で紹介

2019年12月刊行予定

B5判 168頁並製
本体 4,000円＋税
ISBN978-4-254-17171-6
C3045

【編著】
萩原康夫　昭和大学富士吉田教育部講師
吉田　譲　株式会社PCER・写真家
島野智之　法政大学自然科学センター教授

【著】
塚本勝也　写真家
前原　忠　東京大学大学院農学生命科学研究科助教

■ トビムシ、コムカデ、ザトウムシなど、身近な自然の土中にいながら目にとまらない小型土壌動物。
■ 拡大すると意外なほどに美しい、かれらの土壌動物の生きざまとした生態写真を多数掲載。
■ さらに、土壌動物の基礎的な生物学、美しい生態写真の撮り方、観察会の開き方まで。

対象読者
・生物、とくに昆虫や節足動物に関心をもつ方。
・自治体や博物館などで、「目で虫に関心をもってもらうための活動」をおこなっている方。
・学校、各種図書館、自然観察会をおこなっている団体。

組見本はこちらから

朝倉書店

土の中の美しい生き物たち

本体 4,000円+税　ISBN978-4-254-17171-6

【目次】

第1章　土壌動物とは何か　[島野智之]
1-1 土壌は生物多様性の宝庫／1-2 土壌動物とは何か／1-3 土壌動物学／1-4 環境指標と土壌動物／1-5 土壌動物を環境指標として用いる場合の難点と今後の発展

第2章　分類群　[写真：吉田 譲・塚本勝也／解説：前原 忠・荻原康夫]
ザトウムシ目　カニムシ目　ダニ目（トゲダニ亜目　ケダニ亜目　ササラダニ亜目　コナダニ亜目　ニセササラダニ亜目）　マダニ亜目）　ヤイトムシ目　クモ目　ムカデ綱　コムカデ綱　エダヒゲムシ綱　ヤスデ綱　フラジムシ目　トビムシ目　カマアシムシ目　ガロアムシ目　マキガイ綱　ワラジムシ目　ヒル類　ミミズ類　センチュウ目

第3章　野外におけるマクロ撮影方法　[吉田 譲・塚本勝也]
3-1 はじめに／3-2 コンパクトデジタルカメラを使う場合／3-3 デジタル一眼カメラ（一眼レフ・ミラーレス一眼）を使う場合／3-4 撮影の仕方／3-5 土壌動物を探すコツ

第4章　土壌動物を対象とした自然観察会の案内　[島野智之・荻原康夫]
4-1 観察会の手引き／4-2 環境指標動物としての土壌動物─「自然の豊かさ」について

索　引　事項索引／動物名索引

【組見本】

朝倉書店

〒162-8707 東京都新宿区新小川町6-29　TEL: 03-3260-7631　FAX: 03-3260-0180
http://www.asakura.co.jp　E-mail: eigyo@asakura.co.jp　ISBNは978-4-254-を省略
価格は2019年9月現在

【お申込み書】このお申込書にご記入の上、最寄りの書店にご注文ください。

書名：土の中の美しい生き物たち　本体4,000円+税　ISBN978-4-254-17171-6　冊

取扱書店

お名前
ご住所
TEL

養化をもたらすことで競争に弱い種の生存を可能にし，結果として林床植物の多様性を維持してきたのである．

(4) 里山昆虫の衰退にみる管理放棄

里山の雑木林には多種多様な昆虫がいて，虫取り少年にとってはまさに楽園だった．だが，高度経済成長期を過ぎたあたりから，雑木林では薪炭の利用はほぼ消滅し，ササや草を刈って燃料や屋根材，家畜の餌にしたり，落ち葉を掻いて堆肥にしたりする習慣もなくなった．昔ながらの雑木林は，「もののけ姫」に出てくる鬱蒼とした森林ではなく，「となりのトトロ」に出てくるような，春はもちろん，夏でもあちこちに陽光が降りそそぐ疎林的な環境であった．雑木林の昆虫は，若い林が育んできた生き物といっても差し支えない．いまでも，アズマネザサの管理が行き届いた林にはノアザミ，ヒヨドリバナ，オカトラノオなどが生えていて，それらを蜜源とする昆虫が豊富である．しかし，アズマネザサが優占するようになると，それを食草にするヒカゲチョウの仲間が大量に増え，その他の森林性の蝶は概して減ってしまう．

蝶の仲間では，ヒョウモン類やシロチョウ類のように，幼虫が草本食で草原環境を好む種は，管理放棄によって減ってしまう．一方，幼虫が樹木の葉を食べる森林性の蝶でも，管理放棄によって減るものがある（図3.13）．幼虫がクヌギやエノキを食べるウラナミアカシジミ，テングチョウ，ミヤマセセリは，高木よりも若木に好んで産卵するし（福田ほか 1983），オオムラサキも 3 m ほどのエノキの若木に好んで産卵するという．これらの種は，深い森よりも，薪炭林として 20 年ほどの周期で伐採が繰り返されてきたような雑木林を好む種である．これらの種がなぜ若い木を好むのかはよくわかっていないが，若木が展開する葉には窒素分などの栄養素が豊富なのかもしれない．

林が管理されなくなると，幼虫の餌となる若木の葉や，成虫の蜜源となる花が減るだけではなく，雑木林の酒場ともいうべき，樹液を出す樹木も減ってしまう．多くの昆虫研究者は経験的に，管理放棄された雑木林では樹液を出す木が減ることを感じているが，そのしくみについてはあまりよくわかっていなかった．樹液は人間が幹や枝を傷つけることでも出るが，継続的に樹液が出る場合は，シロスジカミキリ（図3.9）やボクトウガの幼虫の加害に対する樹木

の反応であることが多い．シロスジカミキリは，その強力な大顎で樹皮の表面を浅く削った後で，中央に咬み跡をつけて産卵する．孵化した幼虫は樹体内に侵入し，2年ほど経た後で成虫になって樹体から脱出する．この活動によって木から継続的に樹液が出ることになり，雑木林に棲む多種多様な昆虫に餌場が提供される．

シロスジカミキリは，以前は平地や丘陵地の雑木林にどこでもいた普通種で，日本最大のカミキリムシということもあって子どもに人気があったが，いつの間にか姿を見かけなくなった．かつて広大な武蔵野の雑木林が存在した埼玉県や東京都でも，準絶滅危惧種に指定されている．これらの地方では雑木林自体が宅地化によって減っているが，長野県や山梨県などのまだ雑木林が広く残っている地方でも同種は減少傾向にあることから，管理放棄の影響も大きいと考えられる．かつてクワガタなどの樹液食昆虫の宝庫だった場所でも，いまでは林縁部の明るい環境にかろうじてシロスジカミキリの痕跡を見出すことができる程度になっているという（高桑 2007）．管理放棄された雑木林での同種の減少には，樹木が大きく成長することと，アズマネザサのような低木が密生することが関係しているようである．シロスジカミキリの若齢幼虫は厚い樹皮を通って樹体内に穿孔できないので，成長した太い幹には産卵しない．実際，本種に産卵される木の大部分は直径 20 cm 以下の細い木であるという（高桑 2007）．また，本種も他の生物同様，アズマネザサが密生した林ではほとんど痕跡がなく，アズマネザサが小規模に刈り払われた林ではそれなりに見出されるという（なぜササなどが密生する場所で産卵しないのかはわかっていない）．

生態学ではキーストーン種という用語がある．キーストーンとは，もともと石造りのアーチの中央にある要石のことであり，それを抜き取るとアーチが崩壊するのでその名がついている（コラム 5）．シロスジカミキリは，まさに雑木林に棲む多種多様な昆虫を支えるキーストーン種といえる．管理放棄による雑木林の生物多様性低下の指標として，非常に優れた昆虫といえるだろう．

コラム5　キーストーン種の由来と誤解

　キーストーン種は，一般の読者には目新しい用語かもしれないが，高校の生物の教科書には必ず登場する．元来が石造りのアーチの「要石」に由来するので，直感的にわかりやすいキャッチーな用語である．そのためか，使用法には専門家の間ですらいまだに混乱がある．

　この用語を最初に使ったのは，ロバート・ペインというアメリカの生態学者である（Paine 1966）．ペインは，潮間帯の岩場に棲む固着生物の種の多様性が維持されるしくみを実験的に明らかにした．岩場では，フジツボやカメノテ，ヒザラガイ，イガイ，イボニシ（巻貝の一種）などの固着生物が陣取り合戦をしているが，それでも岩の表面に 15 種ほどが共存していた．だが，これらの捕食者であるヒトデを取り除くと，競争力が高いイガイが急増して岩場を覆い尽くし，固着生物の種数は半分ほどにまで減ってしまった（図）．ヒトデというたった一種の生物の存在が，生物群集の構成を劇的に変えるという意味で，キーストーン種という命名がなされた．

　ペインの真意は，単にヒトデをキーストーン種と呼び変えたかったのではない．ヒトデのように生態系に大きな影響を与える生物を見出すことが自然のパターンを理解する上で大切だと言いたかったのである．ただ森林の樹木のように，その存在の重要度があまりに自明なものまで含めては，用語の意味がなく

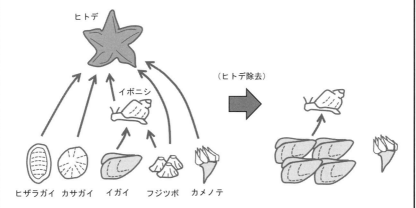

図　ヒトデがキーストーン種であることを実証した岩礁潮間帯における野外実験．ヒトデの除去によりイガイが急増し，他の固着生物を駆逐して種数が減少した．代表的な種のみを描いた．Paine（1966）を改変．

なってしまう．そこで，およそ30年後にアメリカのメアリー・パワーらにより，「個体数やバイオマスが少ないわりにはたらきが大きい生物」という，より明確な定義が提案された（Power et al. 1996）．これならば，森林の樹木や草原の草本，サンゴ礁のサンゴなど，自明な生物は除外される．逆に優占種とはいえない岩礁のヒトデ，河畔林の木を倒して水を堰き止め河川環境を激変させるビーバー，好物のウニを食べて「コンブの森」を守っているラッコなどがキーストーン種として例示された．

　現在は，学術的にはパワーらの定義が受け入れられているが，シカなどの増えすぎた野生動物もしばしばそう呼ばれている．生態系の改変効果は確かに強いが，個体数やバイオマスも大きく，発見性や意外性という元来の趣旨からすれば適切とはいえない．もう一つ大きな問題は，日本の高校教科書では，食物網の上位に位置する生物にキーストーン種を限っている点である．岩礁のヒトデは確かにそれに該当するが，パワーらの定義をみるまでもなく，上位の捕食者に限定することにさほど意味があるとは思えない．里山の雑木林にいるシロスジカミキリは，むろん捕食者ではないが，多種多様な昆虫に恩恵をもたらす樹液を滲出させるのだから，まさに生態系に大きな影響力をもつキーストーン種に違いない．

(5) 二次林の管理放棄と湿地の消失

　二次林の放棄が生態系に与える影響は，必ずしもその場だけに限定されているわけではない．日本の里山のようにモザイク状に林や農地，水域が隣接している景観では，周辺環境への波及効果も視野に入れなくてはいけない．ここでは里山に点在する湧水湿地という，一見二次林とは関係なさそうな環境への影響を取り上げよう．

　関東平野の一部や中部地方から西日本にかけての里山には，ところどころ湧水湿地がある．文字どおり湧水が地表を湿潤化することで形成された貧栄養な湿地である．丘陵や台地の窪地に形成された小規模なもので，たいていは二次林に囲まれている．里山管理が行き届いていた時代には，隣接する湧水湿地も光条件に恵まれた環境だった．貧栄養で明るい環境だから種の多様性が高くなり，周囲の雑木林にはない貴重な種の宝庫となりうる．サギソウなどのランの仲間や，モウセンゴケなどの食虫植物，イグサ類など湿地特有の種が多く，絶滅危惧種や地域固有種もみられる．西日本の一部では，いまでもヒョウモンモ

ドキやヒメヒカゲなど絶滅寸前のチョウの生息地になっている．尾瀬などの高層湿原は，人の生活圏から遠く離れていて，国立公園などにも指定されているので手厚く保護されているが，湧水湿地はその地理的な位置から宅地や農地の開発によって消失しやすい．だが，そうした直接的な土地改変とともに大きな脅威となっているのが二次林の管理放棄である．

　森林が発達すると，保水機能が高まって湧水が増えるように思えるかもしれないが，そうとは限らない．森林は確かに大雨の時には出水を抑え，流量を安定させるはたらきがあるが，森林外への水の流出量を減らす作用もある（蔵治2003）．降った雨のうちかなりの割合が，樹体表面にトラップされてそのまま蒸発したり，木に吸い上げられて葉から蒸散されたりするので，地下深くの不透水層まで染み込む水の量が減るためだ．したがって，里山が放棄され森が発達すると，蒸発・蒸散による損失が増えるぶん湧水量は減る．こうしたことから，伝統的な里山二次林の管理が，その外部にある豊かな湧水湿地をはからずも維持してきたと指摘する人もある．現在，水量が減って陸地化が進む湧水湿地を復元するために，湿地周辺の樹木の伐採に加えて，集水域全体の間伐などが各地で行われている（たとえば，福井ほか2011）．

(6)　新しい樹病：マツ枯れとナラ枯れ

　二次林の管理不足による更新の停滞に加えて，マツやナラが罹患する感染症の拡大も，これらの樹種の減少に拍車をかけている．

　アカマツやクロマツなどの日本産マツ科樹木が枯れる，マツ枯れ（pine wilt disease）という病気がある．正式名称をマツ材線虫病といい，文字どおりマツノザイセンチュウという病原性の線虫によって引き起こされる．マツノザイセンチュウがマツの体内に入り込み，増殖して広がっていくと，水を運ぶ仮導管の中に気泡が生じて水柱が分断され水が上がらなくなり（キャビテーションという），最終的に樹体が枯死する．マツノザイセンチュウはアメリカ合衆国の南部原産で，米材輸入が華やかなりし（1.4節参照）1900年代初頭に，北米産の木材にくっついて日本へ移入されたと考えられている．原産地のマツ科樹木はこの病気に抵抗性を示すことから，このセンチュウは教科書的な侵略的外来種といってよい．

マツノザイセンチュウはマツノマダラカミキリというカミキリムシに媒介される．マツノマダラカミキリ自体は在来昆虫であり，それ自体は木を枯らすような害はなさないが，外来種であるマツノザイセンチュウの運び屋（ベクター）になってしまっている．マツ材線虫病の対策には，薬剤散布とあわせて線虫のベクターであるカミキリムシをいかに防除するかがカギとなる．だが，マツを守ろうと各地で予防策が講じられてきたにもかかわらず，いまだにこの病気は猛威を振るっている．北海道を除く全府県でマツノマダラカミキリの分布が確認されており，いまも徐々に分布を拡大中である．マツノザイセンチュウは，もともとアメリカ合衆国の温暖地域を起源とするため，冷涼な気候下では増殖できない．そのためか，2000年以降は分布の北進が鈍化している．だが，最近のモデル研究によると，まだ気候適地の限界まで十分に広がりきっておらず，今後も北上が懸念されている状況である（Osada et al. 2018）．

マツ枯れの対策としては，①殺虫剤の空中散布，②枯死木の伐倒によるカミキリ等の殺処分，③マツの樹体内に殺線虫剤をあらかじめ注入する方法（樹幹注入），の3種類が推奨されている（吉田 2006）．最も効果的なのは①だが，カミキリの移動距離が年間で数kmにも及ぶので，その範囲で網羅的かつ継続的に（一般に，年2回の散布を継続する必要がある）薬剤を空中散布するのは費用負担が莫大であるうえ，周囲の生態系や住民生活への影響も心配される．個々の樹木に殺線虫剤を投与する②の方法は，費用や労力の負担が大きいし，繰り返し行うとかえって樹体を弱らせ死に至らせるリスクがある（黒田ほか 2016）．保全すべきマツ林を特定し，移入が想定される範囲の感染木を可能な限り排除するとともに，必要に応じて局所的に①と③を組み合わせるのが現実的な対策と思われる．最近では，マツ枯れに耐性を示す系統を選抜しておき，植樹の際にそのような耐性系統を使うといった，育種学的な取り組みも行われている．いずれの対策をとるにしても，農業における総合的害虫管理（IPM：integrated pest management）と異なり，広範囲の自然生態系やさまざまな土地利用を巻き込んだ対策が必要になるため，地域社会との合意形成がきわめて重要になる．

ナラ枯れ病（ナラ萎凋菌病：oak wilt disease）はコナラ属の樹木が罹患する病気で，水を運ぶ導管に病原体である菌が入り込み，キャビテーションが起

こって枯死に至る．この病気はカシノナガキクイムシという，体長わずか2 mm 程度の甲虫によって媒介される（口絵8）．カシノナガキクイムシは集団で一本の太い幹に侵入し，そこで交尾し産卵する．この甲虫は「養菌性キクイムシ」といい，メスの背中にあるポケットにナラ枯れの病原体である菌を飼っている．メスが大量に侵入した幹では，菌が繁殖し樹体が腐り始める．メスが産卵した卵が孵化すると，幼虫は菌によって腐った木の組織を食べて成長する．羽化した幼虫たちは（菌をもって）木から脱出し，集団で次の木を襲う．この現象が一つの地域のナラに次々広がっていき，地域の太いナラが一斉に枯れてしまう．

ナラ枯れは，2000 年頃に兵庫県で発生が報じられると関西を中心に急速に広がり，現在までにほぼ日本全域に被害が拡大した．この病気の感染爆発については，二次林の放棄によってコナラ属の大径木が増加したこととの関係が指摘されている．カシノナガキクイムシの繁殖効率は，直径 10 cm 未満の細い木では著しく低下することが知られている．1960 年代までの里山では，短い周期で薪炭伐採が繰り返されていたので，直径 10 cm を超える太いコナラの木は少なかったと考えられる．その状況では，カシノナガキクイムシの大発生は起こりにくかっただろう．しかし，薪炭の利用が停止して40 年以上が経過した現在，太いコナラ属の木は珍しくない．コナラの大木が高密度に残っている場所も多く，そのような場所ではナラ枯れの被害が拡大しやすいと考えられる．この説明は，ナラ枯れが明治以降 20 世紀末まで話題にならなかった事実とよく符合している．もし，ナラの大径化が感染爆発の誘因だとすれば，ナラ枯れ病はまさにアンダーユース時代の伝染病といえる．

マツ枯れとナラ枯れはメカニズムは違うが，いずれも放棄二次林の老齢木を襲う感染症である．マツ枯れやナラ枯れの現場は遠目にも目立ち，本州以南では電車や自動車の車窓からしばしばみられる．縄文時代からつい最近まで日本人と共生してきた樹木が，枯れてじっと立っている光景は，何とも寒々しい．

(7)　竹林の放棄と拡大

タケは昔から日本人の身近な存在で，日本の文化はそれなくして語れないほどである．「竹取物語」はいうまでもないが，文房具，武器，食器，家具，建

築材料など，あらゆる用途に竹が用いられてきた．古くは平城京や平安京の時代から，水道管などの土木資材としても使われてきた．物差しや竿竹などは最近まで竹製だったし，竹製のカゴや調理器具はいまも現役だ．日本に自生する大型タケ類はマダケとモウソウチクが主である．マダケは在来種か史前帰化種か議論があるが，モウソウチクは 18 世紀初頭に中国から導入されたらしい．

タケは有用植物であるため，ある種の"畑"として古くから全国に造られてきたが，現在では大部分が管理放棄されている．2017 年 3 月時点の統計では，竹林は全国に 16.7 万 ha 以上存在し，福島県以南の暖かい地域，特に九州地方に多く分布していた（林野庁「森林資源の現況」平成 29 年版，http://www.maff.go.jp/j/tokei/kouhyou/sinrin_genkyo/index.html　2019 年 10 月 4 日確認）．この面積は森林全体のわずか 0.6％にすぎないが，大正時代に比べると竹林の面積は20％も増えているという．

タケは昔から九州・四国を中心に各地で生産され，地元あるいは都市部の製竹業者によって加工・販売されていた．しかし，竹の生産量は 1960 年をピークとして，2005 年までの 45 年間で往時の 10 分の 1 程度まで減少した．これはライフスタイルの変化や，竹の代替材料（プラスチック・グラスファイバーなど）の普及によるものと考えられる．一方，1960～70 年頃に中国～九州地方でマダケとモウソウチクが一斉に開花し枯死し，材料不足を補うために海外（中国・台湾）からタケが輸入された．これ以降，価格が安く大量生産の可能な外国産（中国，台湾，ベトナム，タイ，インドネシアなど）のタケや竹製品が毎年一定量輸入されるようになり，2016 年時点では輸入と国産の竹製品の消費がほぼ 1：1 となっている．竹製品と同様にタケノコも，消費量は全体として減少傾向にあり，かつ市場流通量の 30％を外国産が占めている．竹製品やタケノコの国内生産の縮小に従い，各地の竹林は管理を放棄されるようになった．

管理放棄された竹林は高密度化し，タケやタケノコの質は低下し，竹林内の生物相も貧弱化する．さらに，タケは地下茎を伸ばして周辺に分布を拡大する性質をもつので，近隣の森林に侵入して優占樹種を駆逐し，これにとって代わる．これはタケの成長が速く，他の樹を被圧して駆逐するためだけではない．タケは蒸散量が大きいので，土壌から大量の水分を奪い，結果として他樹種を

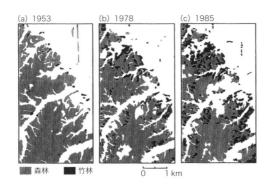

図 3.14 京都府南部,田辺地域における竹林の増加のようす.
鳥居・井鷺（1997）より転載.

衰退させる効果もあるようだ（今治ほか 2013）.

　竹林は最初に植えられた人里から，徐々に周囲の森林を侵食しつつ山を上っていく．京都府南部の郊外では，1950〜70年代の間に9割以上の森林が竹林に置換された地域もある（鳥居・井鷺 1997：図 3.14）．

　森林が竹林に置換されると，生物相は一般に貧弱になる．まず，元の森林に生えていた植物や，それを利用していた動物が失われる．また，竹林は同じ高さの，最上部のみに葉をもつ多数の稈で構成されるため，きわめて単調な空間構造をもち，それによっても生育可能な生物は減少すると考えられる．何十年も森林内に残る樹木の幹と違い，タケの稈はわずか一か月弱で地上から林冠へ到達し，枯れると速やかに倒れてしまう．そのためタケの稈は，キツツキ他の樹洞営巣性動物の生息場とはならない．一方で，タケノコは人間以外の動物にとっても有用な餌資源であり，特にイノシシはタケノコを採食するため頻繁に竹林に出没する．イノシシ個体数の増加は生態系と人間生活に負荷を与えているが（3.3 節参照），それを竹林が助長するおそれもある．

　放棄から日の浅い竹林は，林床に他の維管束植物が繁茂でき，周囲の針葉樹人工林や広葉樹林と同じような植物相をもつとされる（小谷・江崎 2012）．竹林に特異的に出現する植物は知られていない．竹林の放棄から時間が経過するにつれ，竹林内から遷移初期〜中期の植物が消失し，生物多様性は低下する（鈴木 2001）.

急速に拡大していく竹林を管理し続けることは，人口減少に苦しむ地域にとっては難しい．今後もし国産の竹製品やタケノコの需要が高まり，それらの商品の市場価格が高まれば，竹林の経済利用は活発化し，管理も再開されるかもしれない．最近ではタケの新たな資源利用として，化粧材，構造材，舗装材，プラスチック，パルプ，繊維，抗菌剤や肥料などへ加工する動きもみられるが，いまのところ経済ベースに乗る見通しが立っているわけではない．現状からすると，放棄竹林は今後しばらくは各地で増加し続けることが予想される．

(8) まとめ：アンダーユースと二次林の機能低下

東京大学での講義の際，アンダーユースを森林のメタボだと言った学生さんがいた．なるほど人間でも，若い頃は痩せて健康なのに，年を取ると次第に内臓脂肪が増え，成人病にかかる人がいる．森林も，適度にストレスを受けながら回転している若い林は，管理放棄されて老いた森より病気に強いということは，確かにあるかもしれない．

しかし一方で，すべての里山が周期的に伐採され，若い状態を保つべきだというものでもない．人間の中高年にも規則正しい生活でメタボを回避している人は大勢いるし，メタボになっても元気で幸せに生きる人もある．それと同じように，二次林にもさまざまな状態があってよく，むしろそれによって地域全体の生物多様性は増すかもしれない．

現在日本には，地域ぐるみの経営戦略に基づき集約的に手入れされている薪炭林や竹林もあれば，周辺の都市域の住民がレクリエーションを兼ねて手入れしている都市近郊林もある．皮肉なことに，経済的に持続可能な状態で管理された薪炭林は，上層植生は少数の有用樹種のみ，下層植生は高頻度な下刈りのため乏しく，人工林と同じような状態なので生物多様性は必ずしも高くない．粗放管理の方が生物多様性のためにはよいが，それでは経済的な持続性は高くない．多くの二次林が管理の必要な状態にあるのは確かだが，一方で，経済的持続性を担保しながら生物多様性を維持できるような指針はいまだ示されていないように思われる．また，人手不足や交通の不便さによって管理の継続を断念せざるを得ない林も多く存在する．そうした林が今後100年以上の長い時間をかけて遷移していったとき，果たして原生状態に近い森林に戻ることはでき

るのかは，研究者によって意見が分かれるところである．

これからの時代に二次林とつき合っていく多様な方法論については，第4章で詳しく紹介する．

3.3　野生動物の復権

(1)　森林のアンダーユースと野生動物の復権

近年，野生動物が街中へ出没する騒ぎや，人が野生動物と接触して怪我をするなどの話題が，ニュースや新聞でよく取り上げられている．特に，ニホンジカ（シカ）やイノシシは全国的に生息数が増加し分布を拡大しており，ツキノワグマやニホンザルも少なからぬ地域で分布を広げている．

第1章で述べたように，野生動物は先史時代から，人間生活にさまざまな影響を与えてきた．一方，食肉や生活物資を得るための狩猟や，農作物を守るための害獣駆除は，野生動物の個体数の増加を抑制し，極端な場合には地域絶滅を引き起こした．人間の生活圏が拡大するにつれ，野生動物の生息地は改変され，縮小されてきた．特に，近代化以降の森林の利用圧の高まりや捕獲圧の増大は，多くの野生動物の個体数を激減させ，ニホンオオカミやニホンカワウソを含むいくつかの動物を絶滅に追いやった．さらに日本は開国後，産業利用を意図して多くの哺乳類を海外から導入し，日本の生態系に定着させた．その中には，ミンク，ハクビシン，ヌートリアといった，今日では悪名高い外来種となっているものも含まれる．

第二次世界大戦後は，GHQ の指導もあって次第に動物保護を重視する政策がとられるようになったが，野生動物の数が少ない状態は長く続いた．絶滅が懸念されていたシカなどの動物に対しては，全国規模で禁猟措置が実施された（1950〜80年代）．一方でこの時期，日本は戦後の復興から急速な経済成長をとげ，燃料革命と社会構造の変革が起きた．燃材，下層植生，落葉などの資源利用が不要となり放棄された里山や，過疎化や離農によって耕作放棄された農耕地は，野生動物にとって恰好の生息場となった．戦後の拡大造林では天然林を伐採した後にスギなどの苗が植えられたが，その植林地はシカやカモシカに

とって絶好の餌場となったといわれている．こうした生息環境の改善と，禁猟による死亡率の低下が重なったことで，シカやイノシシなど野生動物の個体数は次第に回復していったと考えられている．それでも高度経済成長期までは，個体数は依然として低い水準にあり，農林業被害は目立たなかったので，動物の増加は久しく人々の話題にのぼらなかった．

1980年代半ばになると，北海道，南関東，畿内など各地でシカによる森林生態系の改変が報告され始め，農林業被害の報告件数が増加した．シカを追うように，1990年代からはイノシシの被害が増加していく．さらに2000年代に入ると，ツキノワグマの人里への出没や人身事故が相次ぐようになった．いずれの動物も，話題になり始めた年代に個体数や分布域が突然増えたとは考えられない．1970年代かそれ以前から少しずつ増え，個体数がある水準に達すると初めて，人間社会で話題になり始めたのだと考えられる．

野生動物の生息数の回復は，長きにわたったオーバーユースの時代を経て，ようやく豊かさを取り戻した生態系の象徴ともいえる．その代償として，人間社会が忘れかけていた野生動物との関係調整を，再開せざるを得なくなった．最近では，野生動物への対策を地域の経済活動の中へ組み込む試みも始められたが，まだ社会システムとして定着したとはいいがたい．また，野生動物の生息地でもある森林生態系をどう管理していくべきかという根本的な問題については，専門家である生態学者の間でも統一見解がなく，明確な指針が提示されないままである．

(2) 人間社会への影響

a. 農林業被害

近年の野生動物による農業被害額は，日本全国では年間120億円を超える（図3.15）．この被害額の40%ずつをシカとイノシシが占め，サルが10%，残り10%を後に述べる外来種を含む「その他」の動物が占めている（注：この数値は動物

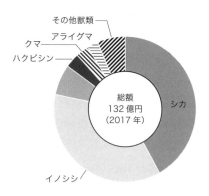

図3.15 全国の農業被害額に占める各動物種の割合．
農林水産省統計に基づく．

3.3 野生動物の復権　　　113

図 3.16　大型動物による林業被害．
　　　　樹皮剝ぎ(左)，角こすり(中)，ヒノキ苗への食害(右)．

の分布状況により，地域によって大きく異なる）．シカやイノシシの被害額が大きいのは，これらの動物の数が多いこととあわせて，生産額の大きいイネを被害作物に含んでいるせいもある．これらの動物は，人目の多い昼間は農地周辺の森林で活動し，おもに夕刻や夜間に農耕地へ出没して被害を与える．そのため，周辺に森林が多い山間部の耕作地で被害が大きくなりやすい．また，シカやツキノワグマは林業にも大きな影響を与える（図 3.16）．これらの動物は，人工林に植栽された樹木の皮を剝いで，中の柔らかい部分（維管束形成層）を食べる「樹皮剝ぎ」の習性をもつ（ただし，地域によりこの習性がある場合とない場合がある）．樹皮を剝がれた木は，すぐに枯れるわけではないが，材の部分に傷が入って形が変わり，色素が沈着するなどして市場価格が暴落してしまう．また，オスジカは繁殖期前に細い木で角をとぐ習性があり，これによっても若い木の材の部分に傷が入ってしまう．シカやカモシカ，ウサギ，サル，ネズミなどにより，苗の新芽が食べられる被害も深刻である．近年は，シカに苗が食われることを恐れて，人工林伐採跡地への再植林が敬遠されるようになっている．

b. 動物との接触による事故

　シカ，イノシシ，クマなど大型動物の増加に伴い，列車や自動車が動物と衝突する事故も増えている．北海道ではシカと列車の衝突事故が年 2000 件以上，シカと自動車の事故も年 2000 件前後発生しており，しかも年々増加傾向にある（北海道環境生活部環境局生物多様性保全課エゾシカ対策グループ，http://www.

pref.hokkaido.lg.jp/ks/skn/est/index/H29_jiko.pdf　2019 年 3 月 21 日確認）．列車
事故の多い地域では，事故によるダイヤ乱れは日常茶飯事であるし，自動車事
故では車が大破したり人が死傷したりすることから，深刻な社会問題となって
いる．こうした事故は本州以南でも増加傾向にあるし，地域によってはイノシ
シやクマとの交通事故も多く発生している．その一方，大型獣と人が直接接触
する人身事故もたびたび報じられている．兵庫県の太平洋側などでは，イノシ
シが川伝いに町中へ出没し，住民と接触する事故が多発している．山菜採りな
どで山に入った人がツキノワグマやヒグマと接触し，重大な事故に至るケース
も複数地域で発生している．ただ，動物の行動範囲や個体数は年によって変化
するため，人身事故の発生件数も年によって大きく変動するのが普通である．
また，人が死亡する事故の割合は必ずしも高くない．2016 年度に秋田県で発
生した，ツキノワグマによる連続殺傷事件のようなケースは，近代以降の日本
では稀である．

c.　寄生虫と感染症

野生動物の寄生虫は種類が多く，その中には人間にも寄生するものがある．
寄生虫には，宿主体内の組織に入り込む内部寄生虫と，宿主の体表面に付着し
て血を吸う外部寄生虫がある．寄生虫やバクテリア，ウイルスなどは自然界に
普遍的に存在するもので，野生動物が特に不潔というわけではない．ただ，野
生動物は基本的に免疫力が高く，病原体が侵入しても何の症状も現れないこと
も多い．そのため，病原体を保有した動物が外部寄生虫を連れて歩き回ること
で，他の動物やヒトへと病原体が拡散することになる．

内部寄生虫は通常それ自体が病原体であり，野生動物の筋肉や脳や内臓から
しばしば発見される．シカやイノシシに限っても，肝蛭，肺吸虫，腎虫，住肉
胞子虫，胃虫，回虫，顎口虫など，さまざまな動物の寄生が確認されている．
こうした内部寄生虫の中には，非加熱で摂食した場合に人体に感染し，重篤な
症状をもたらすものも一部含まれる．

一方，蚊，マダニ，ヤマビルなどの外部寄生虫は，それ自身は病原体ではな
く，吸血されても多くの場合は軽い皮膚炎ですむ．しかし，外部寄生虫が，以前
に吸血した野生動物から人獣共通感染症（重症熱性血小板減少症候群（SFTS），
ライム病，日本紅斑熱など）を引き起こすウイルスや原虫，細菌などの病原体

を受け取っていた場合，人間は感染症に罹患することがある．特に西日本では
マダニに媒介される SFTS が問題となっており，駆除されたシカから高率で
SFTS ウィルス抗体が見つかる一方，ペットのイヌからも低率ながら抗体が見
つかっており（国立感染症研究所 病原微生物検出情報 2016），さらに，野良ネコ
に咬まれた女性が SFTS を発症した例もある．

　人獣共通感染症は，症例が比較的珍しいため医療機関でも見過ごされやすい
うえ，有効な治療法が確立していないものもある．野生動物が少なかった頃は，
それらの病気に罹患するのは野山で活動する人に限られていた．現在でも，
SFTS への感染率は 5 月に最も高く冬季はみられないことから，野山での活動
中に感染している人が多いと思われる．しかし近年は上記のように，郊外の住
宅地などでも人獣共通感染症への感染例がきかれる．これは，野生動物が人間
の生活圏近くまで分布を拡大してきたこと，野生動物の数が増加して外部寄生
虫が増加したこと，などによると思われる．人獣共通感染症というと，畜産業
者や山野で活動する人だけの問題と考えられがちだが，その影響は都市へも広
がり始めているのである．野外における人獣共通感染症の研究は，日本ではま
だ緒についたばかりである．人間が野生動物や伴侶動物を通して感染する経路
の解明だけでなく，感染リスクの高い環境の特定，動物やダニの病原体保有率
の動態解明など，獣医学者と生態学者が協働して進めるべき課題は多い．

(3)　大型偶蹄類の増加と森林生態系の劣化

　ニホンジカの増加は，生態系にさまざまなマイナスの影響を与えている．草
食動物であることから，最も顕著な影響は自然植生の破壊である．ニホンジカ
は世界に 36 種いるシカの仲間でも広食性（餌メニューの幅が広い）であり，
有毒物質がなく自身の口に届く植物なら，ほぼ何でも食べることができる．餌
が少ない状況では，地面に積もった落葉まで食べることが知られている（Taka-
hashi and Kaji 2001）．シカが高密度化した森林内では，シカの首が届く高さ（1.5
〜2 m）以下から植物の葉が消えることがあり，この高さは "deer line" と呼
ばれている．希少な植物種が分布する地域では，シカの増加は致命的なダメー
ジとなる．世界遺産地域である屋久島はその好例である．この島は 1500 種以
上の維管束植物が記録され，そのうち 47 種が固有種・固有亜種とされる，生

物多様性のホットスポットである(小野田・矢原 2015).しかし,2000年以降に急増したシカの影響により,多くの絶滅危惧種が激減した.たとえば,固有種のヤクシマイヌワラビは島内の生息地が2か所だけに減ってしまったという.現在,シカの個体数調整とともに,植物や植生を保護する柵の設置が進められている.

図3.17 シカによる林床植生の破壊により,野生絶滅に近い状態になっているツシマウラボシシジミ.(口絵9参照.写真:宮下俊之)

林床植物の消失は,林床植物を餌や棲み家として利用していた動物へも及ぶ.まず,シカが増えると植食性(植物を食べる)昆虫が軒並み減るのは想像に難くない.最も切迫した状況にある植食者の一つがツシマウラボシシジミである(図3.17).これはその名のとおり日本では対馬にのみ生息する小型の蝶で,スギ人工林の林床などに生育し,幼虫はヌスビトハギとフジカンゾウのみを食草とする.1990年代までは対馬の島内で普通にみられたが,2000年代になると食草の壊滅的な採食により個体数が激減し,いまでは植生保護柵の中でしか野生個体群がみられなくなり,種の保存法に基づいた生息域外保全による増殖事業の対象となっている.さらに,シカの影響で植物が減ると,植物体を拠点として円形の網を張るクモの仲間や(Takada et al. 2008),地表の落葉層を餌や棲み家としている中型〜大型の土壌動物も減ってしまうことが知られている(Wardle et al. 2001).

ただ,シカが増えることの影響はすべての生物にとってマイナスにはたらくわけではない.たとえば,オサムシ科甲虫(肉食性〜雑食性)では体のサイズによってシカの影響に対する反応が異なることが知られている(佐藤ほか 2018).大型のオサムシ科甲虫は鳥や哺乳類の捕食から身を守るために林床植物を利用しており,おそらくそのために,シカが増えて植物が減ると数を減らす傾向がある.これと反対に小型のゴミムシなどは,シカの影響が激しくなると競合する大型種が減るためか,むしろ増える傾向がある.林床植物を利用する脊椎動物にも,シカに対してさまざまな影響がみられる.ササ藪を棲み家とするネズミや鳥類,ネズミを選択的に捕食するフクロウが減少する一方,餌の

選り好みをしないキツネやテンはさほど影響を受けず，地表性昆虫や土壌動物を捕食するタヌキやアナグマはむしろ増加したとの報告もある（關 2017）．いずれにしても，シカの増加は野生動物の生息数のバランスを大きく変化させていると考えられる．

　ニホンジカの増加による影響はさらに，森林土壌の性質や，生態系内の栄養塩循環にまで及ぶことが知られている．林床植生が失われると表土がむき出しになり，雨やシカ自身の踏みつけによって内部の孔隙がつぶれ，緊密化（容積密度が高まること）していく．緊密化した土壌は，保水力や透水性が低下し，植物の生育には不適になりやすい（3.1 節(4)参照）．土壌内部の孔隙が減ると，中〜大型の土壌動物が生息場を失ってさらに減り，落葉などの分解速度が低下する可能性もある．一方で，林床植生が生育に利用するはずだった土壌中の窒素（硝酸態窒素）は，利用されないまま雨水に溶けて，森林から流れ出していく．表土も雨水に乗って流れ出し，細かい土砂となって渓流水へ流れ込む．

　京都大学芦生演習林では，隣り合った二つの流域の片方だけを柵で囲ってシカを追い出し，生態系の状態を比較する実験が行われている．双方の流域から流れ出る渓流水を調べたところ，シカのいる流域の方が渓流水中の硝酸態窒素の濃度が高かった（福島ほか 2014）．シカのいる流域では，細かい土砂が渓流に多く流入し，川底に沈澱した．すると，カゲロウや双翅目などの，泥に穴を掘って棲み沈澱物を食べる種類（採集摂食者：collector-gatherer）の水生昆虫が増え，泳ぎ回って餌を捕獲するカワゲラなどの水生昆虫は減ったという（Sakai et al. 2012）．シカの影響はほかにもさまざまなものが知られており，研究自体も日本全国で行われている．

　シカと同様にイノシシも生態系に強いインパクトを与えることが知られている（Barrios-Garcia and Ballari 2012）．イノシシは雑食性で，地面を掘り返して餌を探索する．その餌メニューは植物の根や球根から，キノコ，鱗翅目幼虫，甲虫，陸貝（カタツムリ），ムカデやミミズなどの土壌動物，両生類，爬虫類，鳥類，哺乳類までを含む．そのためイノシシが新たに侵入した地域では，シカの場合と同様に植物の量や種多様性が減少するだけでなく，さまざまな動物に直接的なダメージが及ぶこともある．

　イノシシが外来種として侵入した地域には，在来種の中〜大型哺乳類との競

合が懸念されるところもある．また，イノシシによる掘り起こしには，シカの踏みつけとは逆に，土壌の緊密度を低下させる効果がある．その結果，窒素の無機化が促進され，土壌中の硝酸態やアンモニア態の窒素の濃度が増えるとの報告がある（Singer et al. 1984，ただしこの現象の普遍性は不明）．いまのところ，イノシシの影響に関するこれらの知見はすべて海外の研究によるもので，日本での研究例は限られる．その理由は，イノシシが増えた時期がシカに比べて比較的遅かったこと，多くの地域でイノシシとシカの分布域が重なって2種の動物の影響を分離するのが難しいこと，イノシシの生息密度の推定がシカに比べて難しいことなどだろう．シカもイノシシも，森林生態系のバランスを大きく変化させる生物種という意味で「生態系エンジニア」と呼ばれることがある．

(4) 外来種の侵入

　本来の自然生息域と異なる地域に移入され，日本の森林に定着した外来の野生動物は数多く知られている．後述するマングースのほか，アライグマ，タイワンザル・アカゲザル，キョン（ホエジカ），クリハラリス（タイワンリス）といった外国産の野生動物から，イエネコ，ノイヌのような伴侶動物が野生に定着した場合まで，さまざまである．しばしば，これらの動物が引き起こす農業被害や人獣共通感染症が話題に上るが，その一方で，在来生態系への影響は見過ごされがちである．

　森林生態系に外来種が破壊的な影響を与えた例の一つとして，奄美大島のマングース問題がある．日本に導入されたマングースは，東南アジアやインドを原産地とするフイリマングースという種で，移入先の在来生物を捕食しながら増加し分布を拡大するため，国際自然保護連合（IUCN：International Union for Conservation of Nature）が定める「世界の侵略的外来種ワースト100」に選定されている．毒蛇のハブを捕食するという言説により，1900年代初頭に沖縄へ，1979年には奄美大島へと導入され定着した．奄美大島では導入から25年以内にほぼ全島に拡大し，天然記念物であるアマミノクロウサギやケナガネズミ，アマミイシカワガエルなど，さまざまな島固有の動物を捕食して減少させた（Watari et al. 2008）．大陸と隔絶された島嶼部には，非常に長い時間をかけて，比較的少数の種からなる独自の食物網が発達するものだが，そこに

体の大きい捕食者が突然侵入したために，食物網のバランスが壊れてしまったのである．こうした背景から，2000年より環境省主導によるマングース駆除事業が展開されている．ここで，奄美にはクマネズミという別の侵略的外来種もいて，マングースはこのクマネズミも捕食する．そのためマングースを除去するとクマネズミが増え，在来種に悪影響を与える心配があった（中位捕食者の解放：mesopredator release）．そこで，研究者たちによってモニタリングデータがつぶさに検討され，マングースを駆除してもクマネズミは増えていないことが確認された（Fukasawa et al. 2013）．国家予算を投じた継続的な対策の結果，現在ではマングースは島からほぼ消滅し，固有種たちの個体数は順調に回復している．

　このような成功例がある一方，なかなか問題の解決に至らず長年苦労している地域もある．また，動物を殺すこと自体に対して，たとえ法的根拠があっても容認できないと感じる人も多い．日本で外来種対策の法的整備が進んだのは2000年代以降のことであり，それ以前は，有用な動物を導入することは「よいこと」という意識が強かった．本節の冒頭で列挙した外来種は，動物の導入が奨励されていた時期の遺産である．そのような過去の経緯と，動物の殺傷を忌避する仏教文化とが合わさってか，外来種問題に関する意識は，日本ではやや薄いように思われる．現在でも，日本では毎年のように新しい種類のペット動物が紹介され，無責任に屋外に放逐されては，新たな外来種問題の火種が生じている．

(5)　行政の対応と課題

　ニホンジカやイノシシ，外来種などの問題に悩む都道府県は，農業被害対策を中心にそれぞれ独自の対応を行っている．捕獲による個体数密度の低減や，農業被害対策などが行われ（実働は基本的に市町村単位で行われ，国や都道府県からは補助金を交付する形で補助する），被害対策の効果が上がっている地域もある．その反面，いくつかの壁にぶつかっている地域も少なくない．

　最大の問題は，都道府県が掲げた捕獲目標を達成できない場合が少なくないことである．日本では人口が減少し，少子高齢化の傾向にあるが，狩猟者の人口はそれ以上の速度で減少し，高齢化が進行している（図3.18）．この背景には，

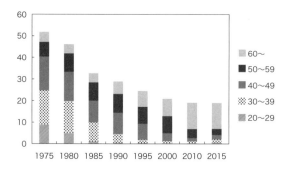

図 3.18　日本の狩猟免許所持者の人数と年齢分布の推移（単位：万人）．
環境省統計に基づく．

野生動物保護の観点から狩猟を敬遠する人が増えたこと，狩猟技術の習得が難しいこと，猟具や猟犬の維持や狩猟税の支払いにお金がかかること，などの事情があると考えられる（鈴木ほか 2003）．しかし，狩猟免許をもつ人がいないと動物は捕獲できないので，捕獲目標は達成できなくなってしまう．そこで近年，自治体が狩猟者をプロとして雇用できるようになるなどの抜本的な法改正が行われた．それとともに，猟友会による狩猟免許取得のための講習会の開催や，大学における狩猟学コースの設立など，支援の動きも進んでいる．こうした取り組みもあって，近年は微妙にではあるが若い狩猟者の人口も上向いてきた．また，国（農水省）がシカやイノシシの対策に集約的に補助金を投じたこともあって，2012 年度には統計開始以来初めて，ニホンジカの個体数が減少に転じた（環境省発表）．

シカの個体数抑制に目途が立ち始めたことを受け，研究者たちが最近取り組み始めたのは，消失した林床植生や昆虫などをどう回復させるかという問題である．野生動物の保護管理の原則では，動物の数を減らしたり被害を防いだりするだけでなく，動物が生息する生態系への手当ても考えることが必要とされる．しかし現在まで，日本で野生動物問題への対策を行っている都道府県では，自然保護区などに柵を立てて動物を排除したり，藪などを刈り払って人家周辺への動物の出没を防いだりする以外には，生態系への手当ては行われていない．つまり，とにかく野生動物と距離をとって「ゾーニング」することで，人間生

活への被害を避けようという考えが主流である．ただ，第1章でみたように，野生動物とは人間が改変した草地や森林に棲み，そこで人間とプレッシャーをかけ合いながら生きてきた存在である．高度経済成長後，人間が草地や森林から急に手を引いたことで，動物や森林は，手押し相撲の相手に途中で逃げられたような格好になり，バランスを失ってしまっている．そのような状態のまま，動物や森林を放置し「距離をとる」ことは，本当の解決といえるのだろうか．次項ではこの問題について，少し違った視点からの取り組みを紹介しよう．

(6) 森林管理とシカ問題

　現在行われているさまざまな努力によって，将来，シカやイノシシの個体数が減る日が来るかもしれない．その後に問題となるのは，これらの動物によって改変された森林生態系が自動的に元に戻るのか，ということである．イノシシを生態系から排除した海外での実験例によれば，十数年の長い年月の末に，在来の動植物の個体数が回復したが，植物や昆虫の多様性の回復はみられなかった（Taylor et al. 2011）．シカを排除して生態系機能の回復を調べる実験も，日本を含め世界各地で行われている．その結果をみると，失われた生物たちの再供給源，つまり土壌の種子バンクや昆虫のソース個体群などが近隣にある場合，シカを排除すれば概して生態系を復元できる可能性は高いようだ．しかし，筆者らが房総半島で取り組んでいる調査や実験では，シカが近年減少した地域や，柵を使ってシカを排除した区画でも，林床植生の自律的な回復はみられていない（Suzuki 2013）．このような地域では，種子源の枯渇とあわせて，森林の手入れ不足による林床の暗さも，植生の回復を妨げている可能性が考えられる．このような場合，シカの数をコントロールするだけでなく，森林の手入れ不足もあわせて解決していく必要がある．

　筆者らは房総半島で，シカを排除した上で上層木を伐採する実験を行った（図3.19）．上層木を伐採しなかった場所では，10年以上シカを排除し続けても林床植生が増加しなかったのに対し，伐採した場所ではシカがいてもいなくても，数年のうちに著しい植生被覆の増加がみられた（Suzuki 2013）．特に，伐採された後シカが排除された場所は，わずか10年で背の高い木々に覆われ，森に還っていったのである．この結果には，示唆に富むさまざまなメッセージが含

① 木をいったんすべて伐採し，シカを排除した場所は，伐採後に生えてきた草木に覆われ，森に還りつつある．
② 上層木を保存しシカだけを排除した場所では，落葉の層がむき出しで，林床植生の回復はみられない．

図 3.19　房総半島の森林での野外実験開始から 10 年後のようす．

まれている．

　明るい伐採跡地や間伐後の林床には，「遷移初期種」と呼ばれる植物の集団が形成される．それらの植物は成長が速く，シカやイノシシに食べられても，再成長して生き残ることができる．しかし，遷移の進んだ二次林や手入れ不足の人工林の林床には，暗所に耐えられるが成長の遅い「遷移後期種」の植物しか生えられない．それらの植物の多くは，シカやイノシシに食われると再び成長できずに，すぐ死んでしまう．そのため，森林の手入れ不足はシカやイノシシの影響に脆弱な林床を作り出すと考えられるのである．したがって，シカやイノシシの数の制御だけでなく，間伐や薪炭伐採を行うことによって，破壊された植生を回復できる可能性がある．さらにいえば，伐採跡地の植生には多くの昆虫や鳥が棲み，山菜類なども豊富に生える．林の手入れによって，シカやイノシシに強い植生ができるだけでなく，生物が豊かで自然の恵みを享受できる場の再生にもつながるのである（図 3.20）．

　そもそも，シカやイノシシが多くいたと考えられる江戸時代以前，日本の森林率はいまほど高くなかった．少なくとも人里の近くには，暗い遷移後期の森ではなく，シカやイノシシの採食に耐性のある明るい草地や焼畑，薪炭を採取するための二次林などの植生が広がっていたはずである．シカやイノシシが不在であったわずかの間に，人間社会の変化によって自然の姿が急速に変化し，

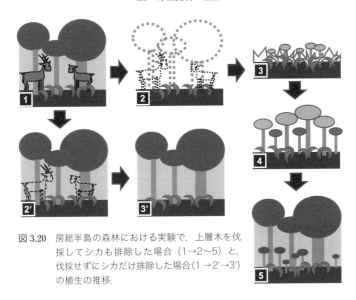

図 3.20 房総半島の森林における実験で，上層木を伐採してシカも排除した場合（1→2〜5）と，伐採せずにシカだけ排除した場合(1→2'→3')の植生の推移．

彼らの圧力を受け止められない生態系を増やしてしまったのかもしれない．だとすれば，植生をどう回復させるかは，動物管理だけの問題ではなく，森林管理の問題でもある．

シカやイノシシの増加は，人工林の管理放棄や二次林のアンダーユースの問題と同じく，元をたどれば人間社会の構造変化に起因する．これらの問題は複雑に関連しており，その一部分だけに注目しても解決は難しいはずだ．問題を根本的に解決するには，人間が自然から逃げるばかりでなく，改めて森林の管理に向き合っていくことが必要だろう．

(7) まとめ

現代の日本社会は，シカ，イノシシ，ツキノワグマなどの増加した野生動物により，さまざまな負荷を受けている．これらの動物は，先史時代から人間による狩猟や生息地改変を生き延びてきたいわば「俊英」であり，比較的人間の存在に頑健な種と考えられる（イノシシに至っては飼養と野生の区別が曖昧なほど人間生活に近い）．そのため，江戸時代以前の山間部では，これらの野生動物がわれわれ人間の生活圏に存在するのが普通で，動物トラブルへの対応は

日常生活に組み込まれていた．その後，野生動物の数が史上最低の水準へ落ち込んだ過去100年の間に，動物に対する日本人の感覚が失われたといえる．1980年代以前に幼少期を過ごした世代に，「野生動物は希少で保護の対象とすべきもの」「動物を捕殺するのは非道なこと」というイメージが浸透しているのも無理はない．

　しかし，増えゆく在来種と将来にわたって共生していくためには，その時々の人間社会や生態系の変化に対応し，必要に応じて人間が生態系に積極的に介入することも考えざるを得ない．一方で，侵略的外来種となってしまった動物にどう対処し，影響を緩和していくかも喫緊の課題である．野生動物との軋轢の解消は，古今を問わず人間社会に課せられた責務といえる．人間から自然への作用とその結果としての反作用という因果から考えれば，「いち抜けた」ではすまされないのではないだろうか．

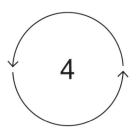

4

人と森の生態系の未来

　日本の森林生態系を守るとはどういうことか．その意味合いはこの半世紀で大きく変わった．高度経済成長期のただ中にあった1970年代には，奥地の原生林にまで及ぶ伐採・開発に対し，環境破壊であるとの批判が集まり，開発に対する反対運動など，自然から人為を排除しようとする動きが高まった．これは森林の過剰利用（オーバーユース）への抵抗であり，この時代を自然保護（reservation, protection）の時代といってもよいだろう．1990年代以降になると，人々の居住域に近接した森林において，人工林の手入れ不足や里山の変質など，過少利用（アンダーユース）に根をもつ問題が指摘されるようになった．こうした問題を受け，森林に適切に手を入れて生態系を守ろうとする活動が増加した．自然保護に対して，環境保全（conservation）の時代の到来といえる．その背景を今風な言葉で表現すれば，「持続可能な人間社会の構築には，さまざまな生態系サービスをバランスよく持続的に提供する自然が欠かせない」という認識が高まった，といえるだろう．広い意味での資源管理として，原生的な自然から，人とのかかわりの中で歴史的に維持されてきた自然まで，多様な自然環境が存在することの重要性が認識されるようになったのである．

　長い森林と人間の歴史を振り返ってみれば，留山(とめやま)や山の口開(くちあ)けの設定など，資源利用を前提としつつ森林生態系の維持をはかる「保全」の取り組みを見出すこともできる．これらを過剰利用を抑止する保全策とするならば，新たに求められるようになった保全策は過少利用を背景にもつもので，本質的に異質で

表 4.1 森林生態系を守る手段.

類　型	背　景	例
保護（protection）	過剰利用	水目林，鎮守の森，保護林
保全（conservation）	過剰利用	留木・留山，山の口開け，一部の保安林
	過少利用	人工林の間伐，里山管理

表 4.2 過少利用を背景とする問題の解決手段.

生態系サービスの種類	過少利用解決へのアプローチ		
	市　場	制　度	市民参加
供給サービス	木材のマテリアル利用，バイオマスエネルギー利用，非木材林産物の利用，など	林業補助金，森林認証制度	森林ボランティア，薪の利用
調整サービス文化サービス	森林ツーリズム，森林セラピー	水道料金への管理コスト組入れ，森林環境税	

ある（表 4.1）.

　過少利用を背景にもつ保全策については，私たち人間社会の経験は浅く，挑戦が始まったばかりともいえるが，多岐にわたる取り組みがすでに展開されている. 本章では，過少利用から生じる問題の克服への取り組みを中心に，森林生態系を維持するための手段について整理を試みる. それに先立って，暫定的な取り組みの分類を示しておこう（表 4.2）.

　森林生態系は，木材の生産に代表される「供給サービス」をもたらすだけでなく，地下水の涵養などの「調整サービス」，さらには伝統行事や信仰を支える「文化的サービス」ももたらしうる. これらのバランスは森林によって異なるものの，相互に不可分の関係にある. たとえば木材生産という供給サービスの確保を動機として整備された人工林も，水源涵養などの調整サービスを担いうる. 同様に，社寺林という文化的サービスの享受を動機として維持されてきた樹林が，土砂災害の緩和という調整サービスを生むこともあるだろう.

　このように生態系サービスは相互に不可分ではあるものの，実際に何らかのコスト・手間をかけて森林を管理する際には，特定のサービスに着目する場合が多い. ここでは現代における森林管理に関して，4.1 節で供給サービスに着目した管理，4.2 節で調整サービスに着目した管理について解説する.

　かつては，人工林の下刈りや間伐など，森林管理に投じた費用は，最終的に

木材販売の収益で回収されることから，木材が適切に販売できるのであれば，おのずと森林環境も整備されるといわれていた．これを突き詰めて考えてみると，市場を通じて資金が生産者側＝森林管理に還流するしくみといえる．しかしこれまでみてきたように，そのようなしくみは必ずしも有効にはたらかず，過少利用＝手入れ不足が広範にみられるようになってしまった．このしくみを補完するものとして講じられてきたのが，公的機関などが税などの形でサービスの対価を回収し，森林管理者側に分配するしくみである．つまり，森林管理に必要なコストを負担する主要なしくみとしては，市場を通じて還元するしくみと，公的制度を通じて還元するしくみがある．生態系の供給サービスに対する対価は市場を通じて還元しやすいが，調整サービスや文化的サービスについては公的制度を通じた還元の方が現実的な場合が多い．

　一方で，これらのいずれにも属さない，市民（受益者）自身が自主的（ボランタリー）かつ直接的に管理に関与するケース，すなわち森林管理がコストではなくサービス提供の機会となるような取り組みも見逃せない．新たに生まれてきた，直接的な市民と森林のかかわりを 4.3 節で取り上げる．なお，ここで示した分類は本章を進めるにあたっての暫定的なものにすぎず，現実には複合的な性格をもつものもある（たとえば，森林認証材を販売するケースは市場と制度の双方を利用したものになる）など，明確に分類できるものではないことを断っておく．

4.1　現代的な供給サービスと経済への組み込み

(1)　用材（マテリアル）利用

　すでに第 3 章でみたように，長期的な国産材生産量の落ち込みは，人工林の過少利用問題の根源となっていた．しかし，前章で示した図 3.1 に立ち戻ってここ 30 年ほどの動向に絞ってみてみると，木材自給率は 2002 年頃に 20％を割ったが，それを境に上昇に転じ，現在では 35％を超えた．これは大きな変化といってよい．この国産材消費の伸びには燃材利用の貢献が大きいが，それは次項で取り上げることにして，まず用材利用の伸びについてみていこう．近

年の用材としての国産材消費の伸びには，どのような背景があるのだろうか.

a. 補助金制度などによる政策誘導

近年，国産材の生産量が伸びている背景の一つに，補助金制度などによる政策誘導がある．人工林の手入れ不足による弊害は早くから認識されており，1974〜75年から除間伐（間引き）作業への補助金が支出されるようになった（林野庁 2014）．この制度ができた当初は，間伐が行われるだけで補助金の支出対象となっていたので，間伐された木は現地に残されることが多かった（伐り捨て間伐）．というのも，間伐される木は成長が悪く形質もよくない木なので，用材として販売できる範囲は限られており（近年は，後述する加工技術の発展で利用可能性が広がってきている），搬出して売ろうとすると赤字になるケースが多かったからである.

2011年，国は「森林・林業基本計画」を策定し，2020年度に国産材の自給率を50％，生産量にして3900万 m^3 とする目標を掲げた．この目標達成のためには，収穫適期に達した人工林の収穫を増やすだけでなく，間伐材の利用量も増やす必要がある．そこで2012年度から，伐り捨て間伐は補助の対象外とし，一定の間伐材利用（5 ha以上面積を間伐し10 m^3/ha以上の木材を利用すること）を行う場合のみに補助金が支出されることになった．このような，間伐推進を通じて木材利用量を増やす政策によって，間伐材の利用は増加したが，一方で総間伐面積は減少したとの指摘もある（広嶋 2016）.

さらに，最近では主伐（収穫適期になった人工林をまとめて伐採し収穫すること）を増やすための政策誘導も行われている．その背景には，人工林のいわば「少子高齢化」（図 4.1）がある．日本の人工林の大部分は，戦後復興期から経済成長期初期の拡大造林によって成立したものである．拡大造林は50年ほど前に最盛期を過ぎ，その後は，成熟した人工林が主伐をされない限り，造林はされない．林業の採算性の悪化を受けて，森林所有者が「伐り控え」をするようになると，現存する人工林が樹齢を重ねていくだけで若齢林分が生み出されない「少子高齢化」と呼ばれるような状態に陥った．こうした状態は，将来的に木材生産機能や二酸化炭素吸収機能の減退が懸念されることから，人工林の「若返り」が新たな政策課題となった（林野庁 2014）．2018年度から，伐採後に再造林することを要件として，主伐に対しても補助金が支出されるように

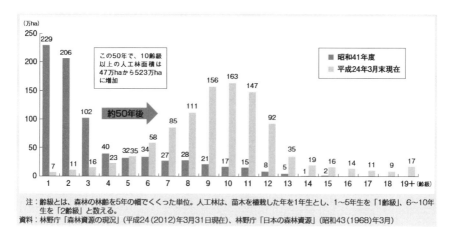

図4.1 人工林の齢級構成の変化（平成25年森林・林業白書より）．

なっている．

b. 木材加工技術の発展

近年，間伐材を中心に用材の市場流通量を増やす政策がとられてきたが，用材としては必ずしも質の高くない間伐材を利用するには工夫が必要だった．この，木材の質の問題を解消してきたのが木材加工技術の発展である．

第3章で述べたように，日本の木材需要の主流は従来，丸太や柱や板などの製材用だったが，近年は集成材や合板などの加工用が製材用を上回るようになった（図3.1）．

集成材とは，木材をラミナと呼ばれる小さな板や角材に細断し，接着して柱などの形に成形したものである（図4.2）．この加工技術を用いれば，曲りや，枝打ちが不十分で枯れ枝が幹に残ることによって生じる死節・抜け節があっても，使える部分だけを切り出して貼り合わせれば，柱や板にできる．そのため間伐材や，保育管理が不十分な材でも，ある程度利用できる．こうして作られた柱や板は狂いが生じにくいという特長があり（図4.2a），建築業者にとっても都合がよい．2008年からの10年間に，集成材の国内生産量はおよそ3割の増加となり，国産材を利用する比率も18%であったものが2018年現在で26%と増加してきている（日本集成材工業協同組合ウェブサイト）．

合板（ベニヤ板）は，丸太を大根のかつらむきのように薄く剝いだ単板を，

 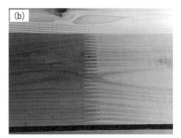

図 4.2 国産材を用いた集成材.
    (a) ヒノキを用いた集成材の断面. 木表（きおもて：樹皮側の面）と木裏（きうら：芯側の面）が互い違いに接着されている.（埼玉県秩父市, 2013 年）
    (b) スギを用いた集成材の側面. フィンガージョイントと呼ばれる方式で縦方向にも強力に接着されている.（埼玉県秩父市, 2013 年）

図 4.3 構造用合板.

繊維方向を 90 度変えつつ数層に重ねて接着して作られた板である. かつては, ラワンなどと呼ばれる東南アジアのフタバガキ科の大径材をおもな原料としていたが, そうした原料が枯渇し, また, 熱帯原生林の減少は国際的に大きな問題ともなって使用できなくなった. そこで, 小さな材を合板に加工する技術が開発されていった. 現在では, むしろ柱に使えないような小径材の引き受け先ともなり, 間伐材利用の可能性を広げている. また, 強度を兼ね備えた構造用合板（図 4.3）は, 床下材などとして建築現場でも重宝されるようになっている.

こうしたことから, 合板用に使われる国産材は急激な伸びを示している. 国産材を用いた合板の生産量は, 2000 年には 14 万 m³ ほどでしかなかったが, 2013 年には 300 万 m³ を超えた. スギとカラマツの利用が多いが, カラマツの利用は特筆すべきことである. 従来, 天然生のカラマツの材（テンカラとも呼ばれる）は強度や木肌に定評があったが, 人工林のカラマツの材は, ヤニが多く出ること, 強いねじれが生じることから, 建築用材として敬遠されてきた. 小径木は国内で石炭の採掘が盛んに行われていた 1970 年代あたりまで, 鉱山

 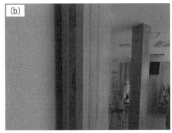

図 4.4 今後利用拡大が期待される木材加工技術．
(a) 大学の講堂に使われた LVL（2017 年 8 月，山梨県大月市）．
(b) 大学の主要棟に用いられた CLT．本来は構造材のため隠れているが，展示目的で実物を見せている（2017 年 6 月，山梨県大月市）．

での杭木として利用されたが，相次ぐ炭鉱の閉鎖によってそうした需要も失われた．カラマツ人工林は 2000 年頃までしばらく「お荷物」の状態が続いていたが，現在は合板用材として引っ張りだこで，北海道，東北地方を中心に活発に利用され，再びカラマツが造林されるようになっている．

近年は，新たに LVL（単板積層材：laminated veneer lumber）や CLT（直交集成板：cross laminated timber）といった加工技術も台頭してきている．LVL は従来の合板と異なり，天井を支える梁や桁など曲げへの強度を要する長大な部材にも使用できる（図 4.4a）．CLT は大面積の板材（パネル）で，狂いが少なく，強度に優れるため建物の軀体全般に用いた工法も開発されている（図 4.4b）．これら新たな加工材の生産量は，現在ではまだ集成材や合板などのエンジニアド・ウッド全般のそれぞれ 3%，0.2% にすぎないが，高層建築など大規模な建築物にも使用可能なため，今後は使用量が増えていくことが期待される．

まだ実用化の段階ではないが，木材繊維の一つであるセルロースを抽出加工して，セルロースナノファイバー（CNF：cellulose nano fiber）と呼ばれる，従来のプラスチックに相当するような利用が可能になる素材の研究開発も本格化している．ほかにも，木材に含まれる繊維を抽出加工して，新たな工業用素材を作出しようとする取り組みが活発に行われている．この加工技術が実用化すれば，利用対象となる木材の樹種や形質も大きく広がることが予想される．このような利用法は，木材の組織構造を利用する従来の用材利用方法とは異な

り，分子レベルでの素材抽出・利用技術であることから，特に（木質バイオマスの）マテリアル利用と呼ばれている．

　以上，木材加工の技術の発展によって，従来は用材として敬遠されていたような中低質材も用材として利用可能となってきたし，その可能性はさらに広がりつつある．このことは，手入れ不足となっていた人工林や長年放置されていた二次林の木材が，用材（マテリアル）として十分に利用可能になってきたことを意味している．ただし，このような新技術が実用化したとして，その技術を通じた木材利用が何らかの形で森林管理に帰結するかどうかは，まったくの未知数である．

c. 付加価値を高める工夫

　国産材の利用は確実に持ち直してきているが，それが日本の森林の過少利用（アンダーユース）を全面的に解消し，適切な森林生態系の管理につながるとは限らない．上でみたように，国産材利用が増加してきたのは，集成材や合板など加工度の高い用途向けのものであって，必ずしも素材に高い品質は求められない．必然的に，価格は低位にとどまる．そうなると，地形が緩やかで生産性の高い機械化林業が行える地域では，赤字とならない施業が成り立つものの，そうでない地域においてはいぜんとして，木材を販売することは困難なままである．

　日本は概して急斜面で複雑な地形が多く，高い林業生産性を望めない地域の方がむしろ多い．そうした地域で木材の販売を通じて森林管理につなげようとするには，少しでも付加価値を高めて木材を消費してもらう工夫も必要である．

　地域が主体となったものとして，岡山県西粟倉村の取り組みが有名である．西粟倉村では，間伐材を単に素材（丸太）として販売するだけでなく，村内で最終製品まで加工してエンドユーザーに販売する形をとる

図 4.5　いくつものローカルベンチャーの拠点となっている西粟倉村の旧影石小学校．
　　　　（撮影・提供：白石智宙）

図 4.6 国際的な森林認証機関の一つ FSC®（Forest Stewardship Council®）が認証した木材，およびその製品につけられる認証ラベル．

ことで，森林資源（木材）に由来するさまざまな付加価値の対価が地域内に還流するようになっている．たとえば，自作でオフィスなどの床を木質化するための内装用パネルキットや，移住してきた家具職人が作る家具などがあり，こうした消費者に魅力的な商品づくりにローカルベンチャーが大きな役割を果たしている（図 4.5）．また，地域の木材で建てる住宅の販売も各地で試みられている．このように，付加価値の高い商品として木材が利用されることにより，経済的にも持続可能な森林管理が可能になっている．

地域外の主体が，木材の流通を通じた持続可能な森林管理を支援している例も多い．森林認証は，認証機関が持続可能な森林管理を実施している森林から生産された木材であることを認証するしくみである（図 4.6）．そのことにより，環境保全に価値を見出す消費者に，より有利に購入してもらうことが期待される．認証されていない木材（およびそれを用いた商品）と比較してより高い価格（価格プレミアム）がつけられるかは，販売実験で一定の効果を実証した例も報告されている（大田・鎌倉 2016）が，実際の市場では認証材とその他の材で明確な価格差は認められなかったとする報告もある（泉 2016）．このほか，間伐材の使用を前面に打ち出した商品が開発され，インターネットなどを通じて広く販売しようとする事業は枚挙にいとまがない．

(2) 燃材（エネルギー）利用

最近の国産材消費の伸びには燃材として利用される部分が大きく寄与している．燃料革命以後，木材需用量全体に占める燃材利用の割合は，長らく 1% 程度で推移してきたが，2014 年以降急激な増加に転じ，2018 年の木材需給表によれば，10.9% に達するまでになった．このような燃材利用の増加は，従来の

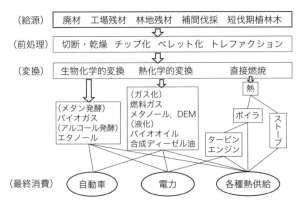

図 4.7 木質バイオマスのさまざまなエネルギー利用技術.
熊崎・沢辺（2013）より転載.

薪や炭ではなく，木質バイオマス発電の急速な普及によるものである．木質バイオマス発電についてはのちに詳しくみることとして，その前に，木材をエネルギー資源として使う技術全体について眺めておこう．

a. エネルギーとして木質バイオマスを使う技術の展開

伝統的には木材の燃料利用といえば薪や木炭であったが，現在はさまざまな利用技術がある（図 4.7）．まず，木材そのものを固形燃料として使う場合と，木材に加工を施して液体燃料や気体燃料を生成してから使う場合に大別できる．固形燃料として使う場合を，直接燃焼という．これは，薪や木炭の利用にみるように最も一般的な使い方であったが，最近急速に伸びてきた木質バイオマス発電も，この直接燃焼の範疇に属する．従来と違うのは，燃焼によって発生した熱をそのまま使うのではなく，電力という形に変換してから使うという点である．

実用化している例はあまりないが，直接燃焼ではなく，液体燃料や気体燃料として木材を利用する数々の技術が確立されている．液体燃料や気体燃料とすることのメリットは，石油やガスなどの化石燃料と同様に使えるようになることである．燃料熱をそのまま利用することはもちろん，バイオディーゼルをエンジン（内燃機関）の燃料とすれば，動力にも使え，当然ながらそのエネルギーは電力に変換することもできる．液体燃料や気体燃料とするにはコストがかか

り，また，その際のエネルギー損失が懸念材料ではあるが，将来的にこうした利用技術が実用化される可能性はある．

b. 木質バイオマス発電

木質バイオマス発電は，一般的には，木材を切削または破砕したチップを燃料として用いる．中には，オガ粉を粒状に固めた木質ペレットを用いる場合もある．いずれにせよ，形状を均質化して，機械制御で運転しやすいような形に木材を調整してから利用する．チップ等を直接燃焼することによって水を加熱し，高熱高圧の水蒸気で蒸気タービンを回す，いわば蒸気機関による発電方式と，熱分解によって発生させた可燃ガスでエンジン（ガスタービン）を回す発電方式がある．現状では前者が一般的である．

木質バイオマス発電がにわかに脚光を浴びたのは，2012年に再生可能エネルギー電力の固定価格買取制度（FIT：feed-in tariff）が始まったことによる．FITとは，再生可能エネルギーによって発電された電力を，発電の種別ごとに設定された買取価格（火力発電などの従来の電力よりも高額に設定される）で電力会社が買い取る制度である．そうすることで，再生可能エネルギーを用いた発電が普及し，再生可能エネルギーによる発電コストが低下していくことが期待されている．

中でも，未利用材，つまり伐り捨て間伐材などを用いた木質バイオマス発電は最も高い価格設定になっている．このように設定されているのは，単に再生可能エネルギーへの代替を意味するだけでなく，間伐などの森林管理が進むことが期待されているためである．このような措置を受けて，木質バイオマスを燃料とする発電所が各地で計画され，FIT制度での認定件数は2017年9月末時点で82件と着実に増えてきた（日本木質バイオマスエネルギー協会 2018）．こうした事情が，近年の燃材利用を押し上げる牽引力となっている．2013年までは20万 m³（丸太換算）程度で推移してきた燃材利用は，2014年には184万 m³，2015年には281万 m³，2016年には446万 m³と，急激な増加をみた．

c. 大規模集中型と小規模分散型の利用形態

資源利用のバランスを考慮すれば，木材を発電という形で利用することについて留意すべき点がある．第1章でみてきたように，いまよりもずっと少ない人口下でさえ，多くのはげ山を生むほど，木材を使ってきた歴史がある．そう

した時代において木材利用の大部分を占めていたのが燃材利用であった．これまで荒れるに任せていた森林が利用される道筋ができてきたことは喜ぶべきだが，その一方で，あっという間に過剰利用（オーバーユース）に転じる危険も潜んでいることを認識しておく必要があるだろう．現状は過少利用であるとはいえ，木の成長量が有限であることは自明である．そうなると，木材が備えているエネルギーをどれだけ有効に使えるか，という点に特に注意を払わなければならない．たとえば，日本の森林における木材の年間成長量を2億m³とすると，この量までであれば，伐採しても現在の蓄積量は減少しないことになる．実際には到底ありえないが，このすべてを燃料利用に供した場合を仮定して，その量の木材が備えている潜在的なエネルギーを試みに算出してみると，日本全国で1年間に使われている一次エネルギー21000 PJ（P：ペタ．10の15乗）の2%ほどにしかならない．

　いま一度，木材のエネルギー利用の主流となった木質バイオマス発電について考えていこう．一般にタービンを用いた発電（火力や原子力も含む）は，原料として用いられている燃料が潜在的に有するエネルギー量のせいぜい4割程度しか電力に変換することができない．エネルギー変換効率は大規模な発電機関ほど高く，現実には，2〜3割程度という発電施設が多い．

　ここで再びFITの買取価格設定を確認してみよう．原料の種別だけではなく，発電規模の区分もあり，変換効率の低い小規模な発電（<2000 kw）の方に高いインセンティブが与えられるようになっている．こうした価格設定にはいくつかの理由が挙げられている．たしかに，大規模な発電施設の方が発電時の変換効率だけをみれば有利である．しかし，たとえば5000 kw規模の発電施設では，年間6万tのチップを必要とするという．これだけの量の木材を，林地残材，つまり間伐されたものの用材として使われない木でまかなおうとすると，半径30 kmないし50 kmほどから木材を集めてこなければならない（相川 2014）．このように，大規模な発電をしようとすると，輸送のために多くの化石燃料が投じられることになる．また，バイオマス発電は最大級に大規模な施設でも，エネルギー変換効率はせいぜい2〜3割程度であるという．しかも，発電によって発生する熱は，使おうとしても遠くに運ぶことはできない．したがって，木材が発生させた熱エネルギーの7割以上は排熱として環境中に捨て

ざるを得ない.

　では，小規模な発電の場合はどうだろうか．燃料の需要量が少ないので，近場からの供給で間に合わせることができる．エネルギー変換効率が高くないぶん，発電の際に発生する熱も販売しなければ事業としても成り立ちがたい．そうすると，熱を近隣の施設，たとえば温浴施設などに供給することによって収益を得るような事業設計が求められる．このように，電力と熱を同時に供給するしくみを熱電併給（コジェネレーション）という．そうすることで，木材がもっている潜在的エネルギーの利用効率をトータルに高め，木材エネルギーの8割近くを実質的に利用することもできるという．このように小規模な木質バイオマス発電の方が，有効に木材のエネルギーを利用する上で望ましいことから，FIT制度においてより高いインセンティブが与えられているのである.

　近年の技術的発展により，熱利用に特化したストーブやボイラーも，エネルギー効率の高いものが市販されるようになっている．こうした高効率の燃焼器は，チップや木質ペレットだけではなく，最も加工度の低い形態である薪に対応したものもあり，木材が潜在的にもっているエネルギーの8〜9割を熱として利用できるものもある．まだこれらの燃焼機器は十分に普及している段階ではなく，今後こうした技術が森林地帯の住民を中心に普及することが望まれる．とはいえ現時点では，現存の薪ストーブやペレットストーブによる熱利用は，現実的で有効な木質エネルギーの利用方法の一つだろう.

　薪ストーブでの暖房を例に考えてみよう．主暖房として薪ストーブを利用するならば，筆者（齋藤）が山梨県山中湖村で利用している実績から，寒冷地では年間3〜5 t（気乾重量）の薪が必要と見込まれる．平均的な木材比重を0.5とすれば，これは6〜10 m³の木材に相当する．通常，家庭で利用するためにこれだけの量の木材を使う場合は，なるべく近場で集める必要がある．必然的にこれらの利用は小規模分散的な利用形態，小規模なエネルギー需要がそれぞれ小さな集材範囲をとるようになり，輸送段階でのエネルギーコストも最小限に抑えられることになる．また，年間の森林成長量を5 m³/haとすれば，およそ2 haあると1家庭が木材を枯渇させることなく毎年薪原料を得られるという指標になる．暖地であれば，より高い森林成長量とより少ない燃料消費が見込まれるから，持続可能な薪ストーブ利用に必要な森林面積はより少なくてすむ

だろう．非常に粗い推計になるが，人口密度140人／km² 程度の市町村であれば，すべての住民が持続的に薪ストーブを利用できそうだ（森林率70％，1世帯4人と仮定）．全国に1700 あまりある市町村のうち，この条件を満たす市町村は700 以上ある．

d. 小規模分散型エネルギー利用の取り組み

小規模利用が新たに展開されている事例をみてみよう．広島県北広島町芸北地区で展開されている「芸北せどやま再生事業」は，薪の利用と地域経済を結びつけた興味深い取り組みである．この地域も，全国の多くの地域と同様に手入れが行われなくなった里山が多く存在する．「せどやま」とは背戸山であり，裏山，かつての身近な里山林のことである．この取り組みの大きな特徴の一つは，「誰でも・少量からでも」木を伐採して売ることができることである．地域に在住あるいは在勤しており，一定の講習を受けた登録者なら誰でも木を伐採することができる．また2m以下の長さに切って「せどやま市場」に持ち込めば，ごく少量からでも規定額で買い取ってもらうことができ，対価として地域通貨である「せどやま券」を受け取ることができる．この地域通貨はあらかじめ登録された町内の商店や燃料店で使用できる（図4.8）．

せどやま市場に集積された木材は薪として販売される．取り組みは薪ストーブの普及とあわせて進められている．雪の多いこの地域での薪ストーブの利用

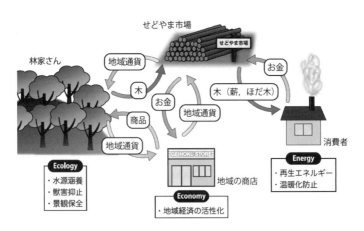

図4.8 芸北せどやま再生事業の全体像．

4.1 現代的な供給サービスと経済への組み込み　　　139

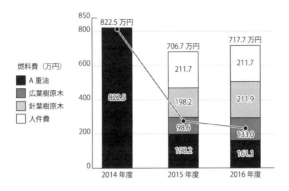

図 4.9　せどやまの薪ボイラー設置による燃料コストの変化.

は合理的である．さらに地域にある温泉宿泊施設が重油ボイラーから薪ボイラーを増設したことで，安定した買い取り先となった．この温泉施設では，重油ボイラーのみでエネルギーをまかなっていた年の燃料代よりも，薪ボイラー増設後の年の方が，薪ボイラーを管理するための人件費を含めても安くまかなえているという（図 4.9）．

芸北せどやま再生事業は，規模は小さいが，着実に成長しつつある取り組みである．この取り組みは西中国山地自然史研究会という NPO がコーディネートしている．その中心人物の一人で，「芸北高原の自然館」という施設で学芸員を務める生態学者でもある白川勝信氏は，この取り組みの成功のカギとして，ふるさとを大切にする共感を挙げている（白川 2018）．経済的に見合うだけでなく，地域通貨の活用や学校での環境教育との連携など，取り組みが地域や自然のためになっていることを実感するしくみが備わっていることが重要であると考えられる．

　e. カスケード利用

もう一点，資源利用のバランスの観点から留意すべきことにふれておこう．これも有限な資源である木材の効率的な利用を原則とする考えに基づくもので，高い付加価値が期待できるものから順に使っていくというものである．たとえば，根元に近い部分の幹は製材用に用い，その際に出た端材をパルプ用チップなどに使い，オガ粉をペレットにして燃料に使う，というような使い方である．こうした利用のあり方を，カスケード利用という（図 4.10）．

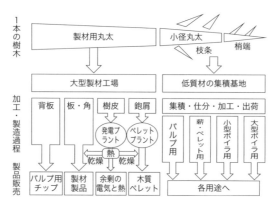

図 4.10　木材のカスケード利用．
熊崎・沢辺（2013）より転載．

　このカスケード利用を考えた時，木質バイオマスのエネルギー利用は最下流に位置づけられる．木材を用材や紙などマテリアルとして利用するならば，その利用価値は場合によっては数十年を超えるが，エネルギーとして使うならばその利用価値は一瞬といってよい．また，エネルギーとして利用するには，基本的には樹種や部位を問わない．強いていえば，燃料としては乾燥していることが重要であって，その意味では，一度使われた木材や紙など木質廃棄物を利用する方が都合がよい．原則的には，他の用途には使えないもの，ある用途の残余あるいは廃棄物をエネルギー利用に振り分けるべきである．
　FIT 制度による発電の事業の開始によって，カスケード利用とはいえない使い方も生じてきている．たとえば，早くから大規模な木質バイオマス発電施設が集中立地した九州地方では，木材の等級を仕分けするコストを省くために，主伐した木材がすべて発電用にまわされるという事例がある（バイオマス産業ネットワーク 2015）．繰り返しになるが，木材は再生可能でありつつも有限な資源である．現代社会なりのワイズユースを考えることが，今後の生態系管理に大きなポイントとなる．

(3) 非木材林産物の生産を通じた生態系管理

　木材の過少利用を解消することが森林管理につながりうるのと同様に，非木

材林産物（NTFPs：non-timber forest products）の利用が，直接的・間接的に森林管理に寄与する可能性がある．森林所有者あるいは管理者の視点に立った場合，木材は数年あるいは数十年に一度の収入となるが，非木材林産物の場合は，連年の生産と管理活動が期待できる．各自治体（おもに府県）の林業研究部門が中心となり，森林管理と一体化した非木材林産物の生産方法が研究され，普及が試みられてきたほか，民間でも独自にさまざまな取り組みが行われてきた．また，近年ディスサービスとして注目される野生動物問題では，捕殺された動物を「ジビエ」と称して資源化しようとする動きが活発であり，そのことにより対象動物の個体数管理に寄与しようとする取り組みが各地で行われている．

a. マツタケ発生環境の整備

マツタケはわが国の非木材林産物の中で最も高価なものである．国産のマツタケであれば，時期や品質にもよるが，東京や関西などの大消費地では1kgあたり3～4万円の値段がつく．

かつてマツタケが採取されていた環境は，人里近くの，頻繁に柴刈りや落ち葉掻きが行われていたアカマツ林であった．そうした環境が，緑肥と木質燃料の需要がなくなったことによって富栄養化し，腐生菌との競争に弱いマツタケは著しい減産が続いてきた．西日本を中心に，山村経済におけるマツタケの重要性からマツタケの人工栽培も長年試みられてきた．しかしこれは，研究段階ですら成功していない．したがってマツタケの生産を維持あるいは回復するには，かつてと同様の林内環境になるように，発生環境の整備をする必要がある．

かつてマツタケの主産地であった京都府では，早くも1980年代にはアカマツ林の林床の刈り払いと地掻きをおもな作業内容とする，マツタケの発生環境整備の普及がはかられた（Saito and Mitsumata 2008）．その後，1990年に設立された岩手県岩泉町のマツタケ研究所（吉村 2004）をはじめ，各地で同様の取り組みが試みられている．長野県における長期的なマツタケ発生環境整備の実証試験では，下層植生の刈り払いや落葉層の掻き出しなどを施す発生環境の整備事業によって，マツタケ生産量を維持しうることが明らかにされている．しかし，生産量は各年の気象状況など自然条件に依存するため年変動が大きく，森林経営としてアカマツ林を管理しマツタケを生産するためには，長期的な視

野で収支を考える必要があるという（竹内 2011）．個人で長年にわたるマツタケ山整備を続け，大きな成果が得られた例があり，そうしたノウハウを地域に普及する取り組みも行われている（藤原 2011，林 2016）．

b. その他のキノコ・山菜の林地栽培

　価格ではマツタケには遠く及ばないが，その他のキノコや山菜は，栽培によって確実性の高い生産が可能であり，それらの生産を通じて明るい林床が保たれたり，若齢の広葉樹林が更新されたりすることによって，森林管理に寄与する可能性がある．

　世界的にみて，キノコ栽培は日本のお家芸といえるほど，先駆的に栽培技術が開発され，そして普及してきた．このキノコ栽培の対象となるのは，シイタケをはじめ，ヒラタケ，エノキタケ，ナメコなど木材腐朽菌である．西洋では，菌根菌であるトリュフに感染させた宿主の樹木を植栽してトリュフ栽培が行われているが，日本ではマツタケのような菌根菌の栽培技術は確立していない．ホンシメジについては，人工栽培されたものが市場に出回るようになったが，これは腐生的な性格の強い株を分離し，品種を創出することにより，木材腐朽菌と類似の人工栽培が可能となっているものである．つまり，菌床で菌糸を増殖し，施設内で温度や湿度をコントロールすることでキノコ（子実体）を生産する方法がとられている．

　キノコ栽培による生産額は日本の林業生産額のおよそ半分を占めるとされる．たとえば，2017 年実績では，木材生産額が 2550 億円であったのに対し，キノコ生産額は 2207 億円であった（農林水産省ウェブサイト「林業生産に関する統計」）．しかし，以下で解説するように，森林管理への寄与を考えると，残念ながら，現状はあまり影響力はないといわざるを得ない．

　木材腐朽菌の栽培のうち最も早く栽培技術が普及したのは，シイタケ栽培である．ナラやクヌギの原木（ほだ木）にシイタケ菌を植え込み栽培する技術は，戦前にはすでに確立し，山村で生産される干しシイタケは重要な輸出品目にもなっていた（吉良 1974）．シイタケ原木に使うナラやクヌギは，直径 10〜15 cm 程度の比較的若齢のものがよいとされる．また，伐採する時期も紅葉した後の休眠期がよいとされている．したがって，かつての薪炭林（2.2 節(2)参照）のように，広葉樹林を若齢のうちに伐採することで萌芽による更新がはかれるこ

とから，かつて里山でみられた生物の保全にも寄与することが期待できる．ここで，シイタケ原木の生産量については統計が取られているので，その推移をみてみよう．シイタケ原木の生産量は 1980 年ごろに年間 2000 m³ 前後に達していたが，1990 年代に急減し，現在は年間 300 m³ ほどしか生産されていない．しかし，シイタケの生産量はそれほど大きく落ちているわけではない．どのような事情があるのだろうか．

その理由は，皮肉にも栽培技術の発展にある．手間と労力のかかりがちな原木栽培に代わり，施設内で管理して低コスト（一方では設備や電気などで大きな環境コストがかかっているのだが）かつ，安定的な生産が可能になる菌床栽培の技術が確立したからである（図 4.11）．シイタケ以外のキノコに関しては，より早い段階で原木生産から菌床栽培に移行した．あるいは，菌床栽培を前提とした栽培技術が普及した．最近の菌床栽培技術は，そもそも木質資源を不要とするものもあるなど，森林管理への波及はあまり期待できず，生産の主体も森林から離れた交通の便のよい立地に設けられた大型工場が中心となっている（齋藤 2015）．

こうしたキノコの低コスト・大量生産の生産体制に転換していく状況は，山村経済にとって逆風となるため，現存する森林空間や木材資源を活用する形でのキノコ栽培の試みは地方行政の研究所を中心に取り組まれたり（森林総合研究所 2011），一部の生産者により実践されていたりする．たとえば，針葉樹人

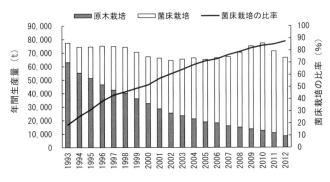

図 4.11　シイタケ栽培技術の推移．
齋藤（2015）より転載．

工林の間伐材がナメコなどの原木栽培に使えることを実証し，人工林管理と一体化したキノコ栽培をめざそうとする研究がある（増野 2016）．また，原木を林床に埋めることによって栽培するマイタケ栽培は東北地方を中心に行われており，天然マイタケに劣らぬ形状と味をもつと評価され，高値で販売されている．秋田県で集落ぐるみで行われている事例では径 15～20 cm のミズナラ，コナラを原木としており（赤坂 2017），里山の世代更新になっているとみることができる．また，この例では，「オーナー制度」としてマイタケ原木を埋め込んだ林地の区画を販売しており，現地見学会などを通じたオーナーと地域住民との交流も売りとなっている．このように，地域の森林を活用して栽培されるキノコは，一般的な栽培キノコとの差別化をはかることによって，経営的にも持続的なものとなることが望まれる．

　山菜に関しても，キノコ栽培と似た状況にある．キノコに比べると，山菜の本格的な栽培の取り組みは遅かった．1980 年ごろから山形県などで，旬を前倒しして山菜を生産する促成栽培が試みられるようになった．当初は，森林から採取される山取り株が用いられたが，やがて，安定的かつ効率的な栽培に有利な品種の親株が畑に植えられるようになった．一般的なスーパーなどで流通する，生産量の点で主流をなしている山菜の促成栽培は，地域にある森林との関係はほぼ切れた状態にあるといってよい．

　そうした中，人工林を間伐することによって林床に届く光量を調節し林地で山菜を栽培する取り組みや，厳密には森林ではないが，野焼きによって草原を維持し，ワラビの生育を促す取り組みも行われている（齋藤 2015）．キノコの場合と同様に，一般的に栽培される山菜と差別化することによる販売が行われ，森林管理と一体化した山菜栽培が定着することが望まれる．

c．薬種生産

　福井県の山間部では，伝統的に天然林の林床を管理することにより漢方薬として有用なキンポウゲ科のオウレンが栽培されてきた．落ち枝を除去したり，定期的に草刈りをしたりすることによって，天然林内に「オウレン畑」が作られ，独特の森林景観を生むものとして，2016 年に林業遺産に登録された（奥 2016）．

　オウレンはかつていくつかの地方行政の研究所によって，1990 年代までは林地栽培が研究されてきたが，残念ながら定着をみなかったようである．しか

し，オウレン以外にも日本の森林には薬種となる薬種となる植物がある．近年は輸入薬種の値上がりにより，国内での生産が望まれている（山岡ほか 2017）．草本では，朝鮮人参に近縁のウコギ科トチバニンジンや，ナス科ハシリドコロ，セリ科のトウキなどが林床に自生する．木本ではミカン科のキハダ樹皮（黄檗）が生薬として重要である．キハダは木材も家具用材などとして優秀であることから，長野や埼玉，北海道などで生産の拡大や商品化が試みられている（日本森林技術協会 2017）．

d. 野生鳥獣

シカやイノシシ，クマなどによる傷害から人工林の植栽木を保護することや，生態系への過度なダメージを防ぐことは，現代の森林管理において避けられない．木や，場合によっては森全体を，柵やネットで囲んで保護するのとあわせて，罠や銃で動物を捕殺することも行われている．どの取り組みにもコストがかかり，問題の矢面に立つ過疎地域では，税収や人手が減る中で対策を続けるのは容易なことではない．もちろん，被害対策の活動を担う市町村の役場に対しては，国や都道府県から対策資金が補助されている．特に，2008年施行の「鳥獣による農林水産業等に係る被害の防止のための特別措置に関する法律（鳥獣被害対策特措法）」施行以来，動物の捕獲や大規模柵の設置に要する多額の費用が，国から市町村へ補助金として手当てされるようになった．この特措法と，2015年に施行された改正鳥獣保護管理法（鳥獣保護法改め）によって，都道府県や市町村が鳥獣の捕獲を専門業者に委託したり，鳥獣害対策に従事する職員を直接雇用したりできるようにもなった．

鳥獣被害対策特措法ではもう一つ，面白い取り組みが推進されている．それは，捕獲された野生鳥獣を食肉や毛皮製品などとして活用することである．これは，単にもったいないとか命を粗末にしたくないとかいった，内省的な話ではない．供給サービスとしての野生獣肉を市場にのせ，都会の市民と森林を経済的に結びつけようとする取り組みである．

狩猟文化の確立しているヨーロッパでは，街中の食料品店やレストランでシカやイノシシの肉を買ったり食べたりできるほど，野生動物肉の利用が定着している．肉が売れるので狩猟者の意欲は高く，入猟料を払って猟をする．行政が報奨金を出して狩猟を依頼する日本とはまったく逆だ．日本でも野生獣肉が

流通するようになれば，ヨーロッパのように狩猟意欲を高め，動物の数をコントロールできる希望が出てくる．将来的には，報奨金の支出も抑制できるかもしれないと，行政は期待している．日本では野生獣肉食への心理的な抵抗が強いことから，行政はフランス語のジビエ（gibier＝野生鳥獣の肉）という呼び名を用いて目新しさをアピールし，食肉として消費者への定着をはかっている．まだ完全に市民権を得たとはいいがたいものの，最近では都市部のレストランなどで，ジビエ料理が提供され始めた．日本における野生動物保護管理のパイオニアである北海道庁は，毎月第四火曜日を「シカの日」と銘打って一般家庭におけるシカ肉利用を推進している．シカの日には近所のスーパーでシカ肉が買えるという．北海道ではここ2，3年，シカの推定個体数が減少傾向となっているが，そこには，市民の意識の高さも追い風となっているのかもしれない．

　野生鳥獣の肉を食肉として販売するには，定められた食肉加工施設で解体処理される必要がある．最近農林水産省によってとられるようになったデータ（農林水産省ウェブサイト「野生鳥獣資源利用実態調査」）によると，2016年に563か所であった食肉加工施設は2018年に633か所に増加し，これに伴い，解体された動物の頭数は8万9230頭から11万4655頭，食肉（ジビエ）利用量は1015tから1400tへと着実に増えている．しかし，残念ながら現状では，大部分の動物が「ゴミ」として廃棄されているという（松浦 2017）．食肉として利用するために必要な捕獲・処理技術を狩猟者が学ぶ機会がなかったり，有害駆除の報奨金があるために食肉利用を前提とした捕獲・処理への意欲が削がれていたりするためである．こうした現状をみると，日本ではまだ，欧州のように野生動物の食肉利用が経済ベースに乗っているとはいいがたい．

　視点を少し変えてみると，野生動物の肉を食べることには，人間と森林生態系の栄養的な連関を取り戻す，という意味合いもある．捕殺される動物の体は，森の生態系から得られた有機物や無機物の集合体だ．それを焼却炉で焼いて排出してしまうと，陸域生態系の物質収支としてはマイナスでしかない．昔の人は，野生動物の狩猟を通して森林にはたらきかけ，獣肉を食べることで陸域生態系の物質循環に参加してきた．現代の人間が意図的にこのつながりにまた参加するとしたら，そこには経済以上の価値があるように思われる．

　一方で，第1章・3章でみたように，木材と同様，野生鳥獣も明治から戦前

にかけて過剰利用の時代があり，極端に減った時期がある．野生鳥獣が食肉としての市民権を得る前に，個体数が低位安定してしまうということも考えうる．そうなれば，野生鳥獣の個体数管理は税金頼みになってしまうだろう．将来的に，なるべく公的助成に頼らずに野生鳥獣の個体数がコントロールされるためには，捕獲した鳥獣の食肉利用率を上げて市場に定着させることがカギとなるだろう．

4.2　森林とグリーンインフラ

(1)　グリーンインフラ

「グリーンインフラストラクチャー」という言葉は，2015年に改定された国土形成計画の中で用いられた頃から，次第に話題に上るようになった．国土形成計画（国土交通省，平成20（2008）年7月策定）とは，戦後復興期の全総（全国総合開発計画）の後継にあたる計画で，全国インフラ整備の方針に大きく影響する．グリーンインフラストラクチャー（以下，グリーンインフラ）とは，「グリーン」＝自然を活かした「インフラ」すなわち社会基盤を意味する．インフラというと，道路や水道などの構造物がイメージされがちだが，もともとは基盤の構造という意味であり，物理的な実態をもつ構造物だけでなく，土地利用計画なども含む概念である．国土形成計画においても「社会資本整備や土地利用等のハード・ソフト両面において，自然環境が有する多様な機能（生物の生息・生育の場の提供，良好な景観形成，気温上昇の抑制等）を活用し，持続可能で魅力ある国土づくりや地域づくりを進めるグリーンインフラに関する取組を推進する」と述べられている．

「グリーンインフラ」は一般に普及させることを意図した用語で，都市・農村計画や生態系管理の学術的な議論において Nature based solution（自然に基づく解決）と表現されている概念にほぼ一致する．もともと欧米で発達した概念である．日本において注目されるようになった背景には，従来のインフラ整備の限界への認識がある．日本では，1970年代頃から，ダム，堤防，トンネル，橋などさまざまなインフラの整備が進んだ．コンクリートやアスファル

トで作られたこれらの構造物は，21世紀に入り次第に寿命を迎え，更新が必要になりつつある．維持・更新コストが増加する一方で，日本の人口は減少しつつあり，このコストの負担が次第に困難になることが予測されるため，自然を生かしたより維持コストが低いインフラへの関心が高まっている．また東日本大震災以降，これまでの防災インフラでは機能的に対応しきれない規模の災害が発生することも認識され，安全な場所への居住地の配置など，土地利用計画そのものに自然を生かす発想が必要であることが議論されるようになった．これらを背景に，日本でもグリーンインフラへの関心が高まっている（グリーンインフラ研究会 2017）．

またグリーンインフラの推進に向けた議論は，これまでのインフラがそれぞれ単一の機能を追及するあまり，その他多数の公益を損なってきた問題への反省に立脚している（グリーンインフラ研究会 2017）．たとえば住宅地，農地，河川の計画において，それぞれ，居住，生産，排水といった特定の機能のみを追及した結果，生物多様性の喪失，都市型水害の発生，水質悪化の問題，自然と人のふれあいの機会の低下といった問題が進行した．これに対し，たとえば都市域においても小規模な湿地を創出することなどによって，雨水浸透，野生生物への生息場所の提供，景観の向上などの多様な目的を同時に充足させようとするのが，グリーンインフラの考え方である．

(2) EcoDRR

EcoDRR（生態系に基づく災害リスク軽減：ecosystem-based disaster risk reduction）は，自然のプロセスを活かした社会基盤形成というグリーンインフラの理念のうち，特に災害リスクの低減に着目したものである．

災害リスクは，豪雨や地震など被害をもたらす自然現象の規模だけで決まるわけではない．災害の原因となる自然現象（これをハザードという）の近傍に人や財産が存在しなければ，それは災害にはならない．たとえば人がまったく住んでいない，重要な道路や公共設備もない場所で土砂崩れが起きても，それは直接には被害をもたらさない．そのため，人命や財産や公共設備のハザードへの暴露を減らせば，災害リスクは低減できる．さらに，ハザードが発生した場合でも，日頃からの備えが充実しており，避難経路が確保されていたり，安

4.2 森林とグリーンインフラ

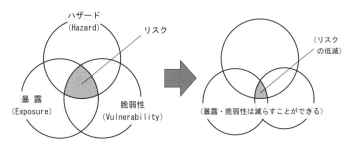

図 4.12 ハザードとリスクの関係．
ハザード（災害の発生）は変えられないが，暴露や脆弱性を減らすことで，被害は低減できる．

否確認や避難後の支援体制が充実していれば，やはりリスクは低減できる．このようなハザードに対する影響の受けやすさを，脆弱性という．

災害リスクの大きさはハザード，暴露，脆弱性の積で決まるものと考えることができる（図4.12）．このうち，ハザードの大きさを変えることは難しい．しかし暴露や脆弱性は低減できる．地形や生態系の特性をふまえ，危険なところでの居住を避けること（暴露を低減すること）は，有効な EcoDRR である．2014 年 8 月，広島市内で時間雨量 120 mm を超える豪雨が発生し，斜面崩壊が生じ，多くの人命や家屋に被害が発生した．最も被害が深刻だった新興住宅地は，もともと土石流が繰り返し堆積して形成された土石流扇状地の上に造成されていた．地形学的なハザードの大きい場所に，長年にわたって人命や財産が存在したといえる．

この例のようにハザードの大きい場所を，住宅地として開発せず森林のままにしておくことができれば，豪雨というハザードが発生しても被害は小さくてすむ可能性があるし，また平常時には森林がもたらす生態系サービスの恩恵を受けることができるだろう．しかし残念ながら，平野部の狭い日本では，都市に近い山林を切り開いて住宅地に改変しようとする欲求が非常に強い．この欲求は，災害リスクの増大と森林消失という，二重の意味で悪い結果をもたらす．目先の便利さや短期的な利益に偏りがちな開発行動を抑制し，EcoDRR の観点から都市計画を再考していくことが，自治体の責任としても強く求められる時代となってきている．

また，平常時に地域の森林や河川の状態を視察して情報共有する機会を設けることや，防災訓練を行うことは，地域の脆弱性を低減させる．同時に，地域の連帯力を高め，日常生活における安心をもたらす効果も期待できる．森林管理などの作業をいっしょに行うことはさらに効果的だろう．このように，自然条件をふまえた，あるいは自然を活かした暴露や脆弱性の低減を進めることは，さまざまな副次的なメリットをもたらすものと考えられる．

このような EcoDRR あるいはグリーンインフラの活用といった発想は，気候変動が進行し，ハザードが大きくなる可能性がある現代において，ますます重要になるだろう．また同時に進行しつつある人口減少は，より柔軟な土地利用を検討できるという意味で，EcoDRR 推進の追い風になるかもしれない．河川の氾濫や土石流の発生の危険性を示したハザードマップの整備など，賢明な土地利用に向けた情報共有は徐々に充実してきた．今後は，それを都市計画や居住地選択のインセンティブに反映させたり，さまざまな主体の間での情報共有や共同作業の機会を増やしたりできる社会が望まれる．

(3) 森林の防災機能

森林はさまざまな機構により防災機能を発揮する．代表的なものに，表層崩壊や土石流の防止，洪水流出緩和がある．3.1 節でもみたように，表層崩壊の防止は，おもに土中に根が張り巡らされていることにより発揮される．植林後に間伐をしている林分としていない林分で，根の分布や量を調査した研究結果から，間伐をしている方が根の発達がよく，表層崩壊を抑制する機能が高い可能性が示唆されている（掛谷ほか 2016）．このことから考えると，拡大造林期に植樹され，その後，放置されている樹林では，表層崩壊を抑制する能力が低下しているおそれがある．

洪水流出を緩和する機能は「緑のダム」と表現されることがある．雨水をそのまま河川に流出させるのではなく，蒸散や樹冠による遮断を通して流出量そのものを減少させたり，地中に浸透させて流出量を安定化・平準化させたりする機能である．森林がこれらの機能を有することは明らかだが，その効果の大きさは測定例によってさまざまなようだ．水が土壌に浸透しやすいほど，ダムとしての機能は高まるが，浸透しやすさには，植物の存在以上に，斜面の角度

などの地形的な要素や，土質の特徴が強く影響するためである．ただし一般化できることもある．たとえば土壌の粒子間に大きな隙間があると，地下への浸透量が大きくなり，ダムとしての機能は高まる．土壌の隙間は，ミミズなどの土壌動物や微生物の活動が活発なほど生じやすい（小野 2001）．したがって，有機物の供給が盛んで土壌の生物相が豊かな森林は，他の条件が一定だとすれば緑のダムとしての機能がより高いものと考えられる．

(4) 森林の多面的機能と保安林

　前述したように，水源地の山林での伐採を制限するような規制は，すでに江戸時代から国レベルで存在した．しかし明治時代に入り，木材の需要が増したことや民有地での伐採が自由化されたことで，各地で森林の喪失が進み，それに伴って土砂災害も増加した．

　特に明治 29（1896）年は，日本の災害史上，稀にみる深刻な年であった．1979 年にまとめられた「農林水産省百年史」には次のような記述がある．「明治 29 年は全国的な水害年で，7 月には木曽川の大洪水，台風は 8 月 30 日と 9 月 7 日に襲来し，淀川をはじめ西日本一帯…（中略）…関東でも荒川，江戸川，多摩川などが氾濫した．江戸川沿岸…（中略）…全村ことごとく浸水し，水害被害額は国民所得の 16.8 パーセントにおよんだ．」実際，全国で 1200 名以上が死亡し，70 万軒以上の家屋が流出したとされる．これは気象条件として不運が重なったことに加え，明治期に進行した森林の喪失・荒廃が，被害を大きくしたと考えられている（農林水産省百年史編纂委員会 1979）．

　このような背景のもと，明治 30（1897）年に制定された森林法では，官林と民有林の区別なく，国土保全上重要な森林における伐採等を規制する保安林制度が設けられた．明治時代の旧森林法における保安林の種別をみると，生態系サービスやグリーンインフラなどという言葉がなかった時代から，森林生態系がもつ多面的な機能を認識し，それを保護する思想が存在したことがわかる（表 4.3）．

　現在，保安林の面積は約 1200 万 ha ある．日本の森林面積は約 2500 万 ha なので，約 4.8％が保安林指定を受けていることになる．保安林では機能を損なうような土地改変ができなくなるほか，伐採の方法や限度が定められ，伐採

第4章　人と森の生態系の未来

表 4.3　保安林の種類.

旧森林法の保安林種	現行森林法の保安林種
［土砂崩壊流出の防備］	［水源の涵養］
①土砂扞止（かんし）林	①水源涵養保安林
［飛砂の防備］	［土砂流出の防備］
②飛砂防止林	②土砂流出防備保安林
［水害，風害，潮害の防備］	［土砂崩壊の防備］
③水害防備林　④防風林	③土砂崩壊防備保安林
⑤潮害防備林	［飛砂の防備］
［頽雪，墜石の危険の防止］	④飛砂防備保安林
⑥頽雪（たいせつ）防止林	［風害，水害，潮害，干害，雪害または霧害の防備］
⑦墜石（ついせき）防止林	⑤風害防備保安林　⑥水害防備保安林
［水源の涵養］	⑦潮害防備保安林　⑧干害防備保安林
⑧水源涵養林	⑨防雪保安林　⑩防霧保安林
［魚附］	［なだれまたは落石の危険の防止］
⑨魚附林	⑪なだれ防止保安林　⑫落石防止保安林
［航行の目標］	［火災の防備］
⑩目標林	⑬防火保安林
［公衆の衛生］	［魚つき］
⑪衛生林	⑭魚つき保安林
［社寺，名所，旧跡の風致］	［航行の目標の保存］
⑫風致林	⑮航行目標保安林
	［公衆の保健］
	⑯保健保安林
	［名所または旧跡の風致の保存］
	⑰風致保安林

後は認められた方法での植栽が義務づけられる．一方で，税制での優遇措置があり（保安林は固定資産税が免除される），また伐採方法の制限にそった損失補填制度もある．これらの措置により，多くの民有地での保安林指定が実現している．

　保安林には表4.3に示したようにたくさんの種別があり，その中には，水害・潮害・干害などに対する防備林や，沿岸の漁業資源を守るための「魚つき林」など，多様な機能に注目していることがわかる．しかしこれらは面積的にはわずかで，現在指定されている保安林の約70％は「水源涵養林」である．次に多いのが「土砂流出防備林」であり，この二つだけで保安林全体の約90％を占める（表4.4）．実際には，水源の涵養や土砂流出の防止は森林が普遍的にもっている機能で，特定の地域の森林だけが担っているものではない．都市の水源流域や上流部に位置するといった地形的条件から特に重要と考えられる森林

や，過去の災害歴に基づき各地域で重要
とみなされてきた森林などが，特に「水
源涵養林」「土砂流出防備林」に指定さ
れやすいようである．このように指定の
科学的根拠が明確でない保安林が多く存
在する一方，保安林に指定されていない
森林にも，さまざまな公益的機能がある
こともまた事実である．

表 4.4 保安林の種類別面積割合.
延べ面積（2017 年 3 月 31 日現在）.

保安林種別	面積（万 km²）
水源涵養保安林	9.2
土砂流出防備保安林	2.6
保健休養保安林	0.7
その他	0.45
（総　計）	12.9

　また，多くの保安林が一つの要件で指定されているにもかかわらず，実際に
は多面的な機能をもっていることも忘れてはならない．現在のところ，複数の
機能の面から保安林指定されているケースは全保安林面積の10％に満たない．
指定の根拠が一つの機能に着目したものであっても，結果的に多様な機能が発
揮されていれば別に問題はない．しかし，保安林の指定解除の際には注意が必
要である．保安林は，指定の理由となった機能を代替する施設がつくられるな
どして，指定理由が消滅したときには指定を解除することが認められている．
たとえば砂防ダムなどが建設されたことを理由に，周辺の土砂流出防備保安林
の指定を解除する申請がなされる，といったケースが生じうる．しかしこの場
合，もしその保安林を伐って別の土地利用に転換してしまえば，仮に土砂流出
防備の面でまったく問題が生じなかったとしても，森林に生息する多様な生物
が失われたり，森林の CO_2 固定能力が損なわれたり，地域の美観が損なわれ
たりと，保安林が担っていた多様な機能が同時に失われてしまう．森林が本来
多面的な機能をもっていることを考えれば，現在の特定の機能に偏った保安林
制度は，見直す余地があるといえるだろう．

(5)　生態系サービスへの支払い

　保安林という制度は，基本的には，森林が存在しさえすれば，一定の調整サー
ビスを提供してくれるという発想に立っている．しかし，第3章で詳しくみた
ように，おもに財源不足のために人間が適切に管理の手を加えられなくなり，
ディスサービスが顕在化している森林も多くみられる．

　こうした状況を受けて，地方自治体が国に先行する形で森林環境税などの税

制を導入し始めた．森林の生態系サービスの受益者である地域住民から広く財源を徴収し，それをそのサービスの維持にあてる取り組みである．こうした税制を通じた森林管理のための財源確保は，2003年の高知県を皮切りに，いまでは37の府県と1つの市が導入するに至っている．2019年4月には，国が市町村に森林管理のための目的税を配分する制度（森林環境譲与税）も始動した．その原資として，2024年度からは全国民（納税者）一人あたり年額1000円の課税が，森林環境税として付加される予定である．

　税制によらない受益者負担のしくみについても，一つ例を紹介しよう．横浜市は，明治30（1897）年以来，水道の水源として相模川の支流である道志川に依存してきた．山梨県道志村の森林のうち，道志川の源流部となる3分の1ほど，3000 ha弱を大正5（1916）年に横浜市が譲り受け，横浜市はこれを「横浜市有道志水源林」として，水質と安定した河川流量の維持を目的とした森林管理を実施してきた．最近では，この市有水源林の直接的な管理だけでなく，道志村内の環境保全のための地域住民や市民ボランティアによるさまざまな取り組みに対して，横浜市民や企業からの寄付金が支出されるようにもなっている（温井 2016）．水道料金の一部あるいは寄付金などを通じて，サービス維持のための対価を受益者が正当に負担するしくみを実現している事例である．

　上の例のように，生態系サービスが維持されるように適切な管理がなされるための費用をその受益者が負担することは，一般に「生態系への支払い（PES：payment for ecosystem services）」と呼ばれ，近年注目されている．本書では詳しく述べないが，熱帯林の森林減少・劣化の防止を主眼にとられている国際的取り組み REDD＋などもこの一例である．森林環境税や横浜市水源林の例は，まさにこの「生態系への支払い」の一例であるといえる．しかし，こうしたしくみづくりを明確に意識した取り組みはまだ日が浅く，今後さらに普及，進化していくことが望まれる．

4.3　広がる森のステークホルダー

　これまでみたように，従来，森林の現場から遠隔にいる森林の生態系サービ

スの受益者が森林管理に寄与しうるのは，市場を介してサービス（おもに供給サービス）の対価を支払うか，公的な制度を通じて対価を支払う，間接的な関与に限られていたといってよい．これに対して，近年は，受益者自らが直接的に森林管理にかかわろうとするケースが広くみられるようになっている．これは，社会と森林（自然）のかかわりの歴史からみたとき，大きな変化といえる．

　ある資源に利害をもち，関与する人たちをステークホルダー（利害関係者：stakeholder）という．長いあいだ，森林のステークホルダーはその供給サービスを直接的に受ける者に限られていた．針葉樹の用材が欲しい領主が留山あるいは留木として囲い込み，薪を使う村人たちが共同で入会山を利用しつつ掟を定め，スギやヒノキの人工林を育てる仕事を森林所有者自らあるいは所有者に委託された者が行ってきた．これに対して，森林が直接的に供給サービスの恩恵を得る以外の，特に遠隔に居住する都市住民などにも，清浄な空気や水などの形で恩恵をもたらしていることが，1970年代頃から強く意識されるようになってきた．森林の多面的機能という言葉が生まれたように，モノをもたらすだけではない環境としての森林の側面，つまり，調整サービスや文化的サービスの恩恵が，森林の所有者や管理者だけでなく広く離れた者にも及んでいるという考え方が社会に浸透し，定着した．

　こうしたなかで生まれてきたのが，それを自覚した，それまで所有者でも管理者でもなかった受益者（おもに都市住民）が，直接に森林環境の管理に参画しようという動きである．この自覚は，環境保護運動に始まり，林地を取得して開発を防ぎ理想とする森林環境を実現しようとする動き（ナショナルトラスト），森林の所有者や管理者と関係を構築し環境整備作業に参加する動き（森林ボランティア）などに展開してきた．このように，森林をめぐるステークホルダーは，その所有者や近傍の人々だけでなく，地理的にも社会的にも遠く離れた人々に拡大してきている．もちろん，森林から遠くに離れていた人々も，これまでも森林の調整サービスや文化的サービスの恩恵を受け続けていたから，いまになってステークホルダーになったというのはやや不正確かもしれない．潜在的なステークホルダーが顕在的なステークホルダーになったというのが実情だろう．

　いずれにせよ，遠く離れた受益者が，直接に森林管理にかかわるようになっ

たのは，大きな変化である．モータリゼーションと情報技術が進展した現代の象徴的な森林と社会とのかかわり方といえるかもしれない．以下では，受益者であることに気づいた人々がどのような活動を展開してきたのか，具体的な例をみていこう．

(1) 森林ボランティア

1970年代，農山村における森林管理の担い手不足が顕在化し，それを目の当たりにした市民が自主的に森林管理作業の一端を担うような活動が起き始めた．1974年に除草剤の大々的な散布への抵抗のため，富山県では「草刈り十字軍」として，植林後まもない人工林での手作業による下刈り作業が行われた（山本2003）．1986年に関東地方を襲った大雪は，東京郊外の西多摩地域に広がるスギやヒノキの人工林の木々をなぎ倒し，これを憂う市民の有志が立ち上がって自主的に被害木を処理する作業に加わった．こうした動きの中から，市民が自主的に森林整備に従事する活動が広がり，1995年には，森林ボランティアの全国的ネットワークとして「森づくりネットワーク」が組織された（内山2001，山本2003）．

森林ボランティアとは，「国有林・民有林を問わず，森林所有者と森林整備の方法について契約し，契約にもとづいて自主的に森林整備を進める市民と市民グループ」と定義される（内山2001）．自然管理への市民参加が，金を出す（寄付金など），口を出す（議員への陳情など）形態で展開してきた中で，「手を出す」市民参加として特徴づけられるという（山本2003）．森林ボランティア作業は，必要とされるノルマが設定される場合もあるが，「レジャー林業」としての側面があったり，セミプロ的な作業を担うまでに自らの技術を高める団体があったり，参加者にとっての自己実現という様相を呈している．市民の義務感，使命感だけではなく，自己実現の要素を含んでいる森林ボランティアは，大きく発展した．1990年代以降は，県や市町村などの行政が主導して森林ボランティア活動を組織したこともあり，2000年に580ほどであった森林ボランティアの団体数は2012年には3000を超えるようになった．

森林ボランティアが対象とする森林は，当初，人手の入らなくなった人工林が主体であったが，各種財団が交付する助成金が天然林の整備に手厚く支給さ

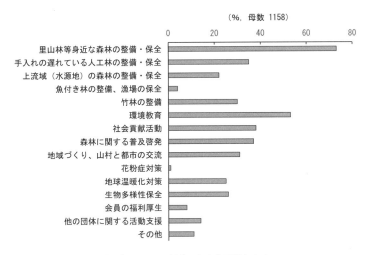

図 4.13 森林ボランティア活動のおもな目的と内容.
林野庁 (2010) より. 2009年のアンケート集計結果.

れる傾向もあり，ナラやクヌギを主体とする天然林（二次林）も主要な活動フィールドになっている．人工林では，主伐後に再造林されずに放置された伐採跡地への植林，下刈り作業や，間伐遅れ林分での間伐作業だけにとどまらず，国産材を使った家づくりを推進する活動に発展したケースもある．里山の天然林では，萌芽再生力の弱った広葉樹を伐採しキノコの植菌や炭焼きをし，ナラやクヌギの稚樹を植えて広葉樹林の若返りをはかるだけでなく，オオムラサキの生育状況など里山の生物のモニタリング調査なども行われる（内山 2001）．このように，一口に森林ボランティアといっても，多様な活動内容を含む．実際に森林ボランティア団体が行っている活動の目的や内容をみると（図4.13），人工林や里山天然林の整備だけでなく，竹林や獣害対策など，第3章で挙げてきたような過少利用時代の森林生態系の課題が広くカバーされている．

(2) 漁民の森

古来より木々の影が魚を寄せるという認識から「魚付き林」として森が保護される例があり，明治以降の近代日本でも「魚つき保安林」として保護する制度が構築されてきた．しかし，その後，魚つき保安林は充実するというよりは，

むしろ徐々にその面積を減らしてきた（三俣ほか 2008）．ところが，近年になっ
て漁業者が中心となって漁業資源の保全を目的として「漁民の森」と呼ばれる
ような森林整備を行う活動が活発になってきている．「漁民の森」で期待され
ているのは，河川を通じた森林からの栄養塩の供給や，森林の水源涵養機能に
よる河川流量と水質の安定などがあり，科学的な実証は待たれるが，より広く
「魚付き林」の意義がとらえられるようになっている（山本 2003，三俣ほか
2008）．

　この新たな展開のきっかけとなったものとして，ほぼ同時期に始まった二つ
の運動が知られている．一つは，北海道漁協婦人部連絡協議会による「お魚殖
やす植樹活動」で，1988 年に始まった．国際的取り決め（いわゆる 200 海里）
により遠洋漁業への制限が強まり，1980 年代に沿岸漁業の重要性が認識され
るようになったことが背景となっていた．特に北海道では森林を牧場や農場と
する開発が極限まで進み河川の水質が悪化していたことから，河川沿いの農地
に農場主の協力を得て，ミズナラやヤチダモなど河畔林を形成する樹種による
植樹が行われている．もう一つは，宮城県気仙沼湾のカキ養殖業者が中心となっ
た「牡蠣の森を慕う会」による「森は海の恋人」運動で，1989 年に始まった．
カキの漁場に注ぎ込む大川の上流部には，県境を越えて岩手県の室根山があり，
その地域の人々の協力を得ながら，大川の水源域にブナなど広葉樹の水源林の
植樹が行われている．特にこの活動は広報に力を入れていた点に特徴があり，
「森は海の恋人」というコンセプトは全国に広がった（山本 2003）．

　このような，流域を単位とした森林の広域な調整サービスの認識を背景に，
「漁民の森」活動は全国に展開した．1997 年頃から特に増加し（山本 2003），
2004 年の段階では，日本全国で 178 の「漁民の森」活動が確認されている（五
名・蔵治 2006）．これら「漁民の森」は国有林や民有林を活動の場とするもの
が多いが，中には漁業協同組合（漁協）が林地を取得して行うものもある．北
海道では，基本的には植樹がその活動内容となっているが，本州・四国・九州
では植樹だけでなく，下刈りやつる切り，間伐などの保育作業も主要な活動内
容となっている（五名・蔵治 2006）．たとえば，高知県を流れる安芸川の内水
面漁業を統括する芸陽漁業協同組合では，安芸川流域の人工林を取得し，その
水源涵養機能を高めるべく，人工林の間伐など保育作業が行われている（三俣

ほか 2008).

(3) 企業の森

2000年代になると，企業の社会的責任（CSR：corporate social responsibility）が着目されるようになり，各企業では相次いで環境保全に貢献する取り組みがなされるようになった．森林環境の保全をCSR活動の対象としている企業の中には，森林所有者から活動の場所を提供してもらい，森林整備作業をするものが多い（図4.14）．企業は，特定の森林に対して，社員による森林整備活動への参加や，森林整備事業への出資，現地で活動するNPOとの連携などを行う（小林・宮林 2012a）．こうした，企業が森林整備事業に主体的に携わる森林は「企業の森」と呼ばれる．

「企業の森」は2000年代に急速に増加し，2010年代に入ってからも増加を続け，2014年現在で1500ほどの活動箇所が林野庁によって把握されている．当初は国有林での活動件数の比重が大きかった．これは，国有林において，「企

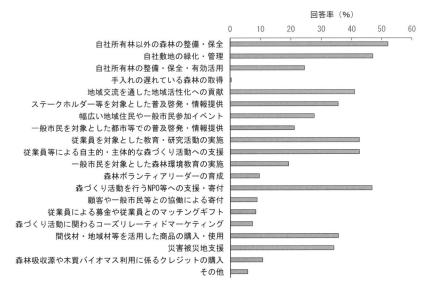

図 4.14 企業が取り組む森林・林業分野のCSR活動の内容．
林野庁（2015）より作成．

業の森」を引き受ける受け皿が用意されていたためであろう．国有林では分収育林（森林の所有者以外が人工林の保育を担い，伐採・収穫の際に収益を一定の割合で分配する）のしくみを応用した「法人の森制度」が1992年から設けられており，企業は対象となる森林の管理費を負担する代わりに，その森林の環境貢献度を水源涵養機能やCO_2吸収能などの視点で評価した情報を得ることができる（小林・宮林 2012a）．2007年になると，企業と森林所有者・管理者とのマッチング，活動内容を提案するなど，「企業の森」を実施するにあたっての全般的な支援を担う「森づくりコミッション」が都道府県レベルで設置されるようになった（小林・宮林 2012b）．こうして，民有林においても「企業の森」を設定しやすくなったことが，その後の民有林での「企業の森」活動件数の増加に寄与しているとみることができる．

　その一例として，飲料メーカーのサントリーホールディングス株式会社の取り組みを紹介する．サントリーは，地下水を原料として各種飲料製品を生産していることから，工場が利用する以上の地下水を森林整備によって涵養するという発想を出発点として，2003年より「天然水の森」と銘打った活動に取り組み始めた．この活動では，工場が立地する周辺の森林所有者や自治体などと協定を結んだり，国有林の「法人の森制度」など用意されている各種制度を利用したりして，森林整備に参画している（山田 2014）．このように水源涵養機能を高めるための森林整備にサントリーが参画する「天然水の森」は全国21か所，面積にして12000 haに展開するに至っている（サントリー天然水の森ウェブサイト）．

　天然水の森では，社員がボランティアとして作業に参加するなどして，放置人工林では間伐や枝打ち，不成績造林地の天然林への誘導，荒廃した里山では小面積皆伐や照葉樹の除伐，拡大した竹林では竹の除伐などが行われている（吉田 2011，山田 2014）．

(4) 教育活動としての森林管理

　2010年代には，「持続可能な開発のための教育（ESD：education for sustainable development）」の取り組みが大きな教育課題となり，学校教育における森林や林業に関する教育への期待が高まっている．もともと一部の小学校

や中学校では，学校の基本財産を形成することを主目的として学校林が設定されてきた．具体的には，父母や生徒自身によって人工林の植林や保育作業が行われ，その人工林の収穫によって得られた収入で学校の備品を購入したり，薪炭林として管理して学校の暖房用の薪を採取したりした．近年では，そうした財産的な利用はほとんどなく，小学校の「総合的な学習の時間」などでの環境教育あるいは地域教育の場として活用されている．学校林の性格としては，供給サービスから文化的サービスへのシフトが起こってきた，といえる．

　国土緑化推進機構によると，2016年の時点で2492校が3253か所の学校林をもっており，そのうち30.2％の学校林が過去1年以内に利用されていた．利用がなされている学校林での活動内容についてみてみると，自然観察だけでなく，下刈りや枝打ち，間伐など人工林の森林管理作業も多く行われている（表4.5）．こうした森林管理作業は，体験の域を出ないものであろうが，自然体験をする機会の少なくなった現代の子どもたちがじかに森林に触れる貴重な機会といえるだろう．

　大学では，森林科学（林学）教育する課程を設けていれば，その教育フィールドとして演習林をもち，教育活動が行われているが，それ以外の大学でも近年，森林を教育活動の場として活用する事例が多くみられるようになっている．そうした大学は，新たなキャンパス用地の取得に付随して森林を取得したり，キャンパスに近接する森林の所有者・管理者から得たりすることを契機とし

表4.5　学校林における活動内容（上位10のキーワード）．国土緑化推進機構（2018）より．学校林での活動内容を示すキーワードとして挙げられた54の選択肢のうち5つまでを選択．割合の母数は1023学校林．

活動内容（キーワード）	回答数	割合（％）
植物観察	537	52.5
下草刈・枝打ち	493	48.2
動物観察	202	19.7
植物採集	200	19.6
植林・植樹	187	18.3
間伐体験	187	18.3
森林の機能	184	18.0
清　掃	178	17.4
散　策	167	16.3
森林教室	127	12.4

て，新たな教育フィールドとして森林にかかわるようになっている．2004 年
には，キャンパス近傍の森林を教育活動等に活用する大学による「大学間里山
交流会」が結成された（高桑 2015）．当初 4 校であった参加大学は，2018 年時
点で 17 校に増加している．

　上記の「大学間里山交流会」において中心的に活動してきた龍谷大学の取り
組みについて簡単にみてみよう．龍谷大学は京都市に本拠を置く私立大学であ
るが，新学部の新設に伴い滋賀県大津市に新たなキャンパスを整備した．1994
年，大学はこのキャンパスに隣接する 38 ha の旧薪炭林を取得した．大学とし
てはこの土地を開発し，グラウンド等を整備する計画があったが，この里山環
境を保全し活用すべきという教職員らによる保全運動が展開された．2001 年
から継続的にシンポジウムやワークショップ，市民や学生らが参加する保全活
動などが行われ，2004 年には文部科学省の採択を受けて「里山学・地域共生
学オープン・リサーチ・センター」（現「里山学研究センター」として活動）
が置かれることになった．このセンターには，自然科学系，人文社会系の研究
者が携わり，それぞれの分野から調査研究が進められると同時に，里山環境の
保全方法も実践されている．学生や市民や小学生とともに堆肥づくりや，キノ
コ栽培，バイオトイレ等での木材の利用を通じた里山保全に取り組んでいる（丸
山・宮浦 2007）．

　このように，森林生態系の管理作業は，教育活動に適用しうる．その作業は
体験レベルにすぎないものであっても，そのような体験の機会を提供すること
自体が貴重なものであり，森林生態系の営みに配慮した消費活動や市民活動に
参加する将来世代を育む上でも重要なしくみといえる．

(5) 供給サービスをめぐる新たな輪：森の恵みを享受する新たなしくみ

　以上でみてきた例は，森林生態系の調整サービスと文化的サービスに応じた，
新たな森林管理の展開であったが，供給サービスについてもその受益者が森林
管理に携わろうとするケースもみられる．

a. 魚の消費者による「漁民の森」づくりへの参加

　漁民たちが始めた「漁民の森」活動の中には，魚の消費者が「漁民の森」づ
くり活動に参画する事例がみられる．北海道東部の野付漁業協同組合では，上

述の「お魚殖やす植樹運動」とともに，独自に土地を取得してカツラ，ハルニレなど河畔林を形成する樹木による植樹活動を行ってきた．この取り組みに漁協の取引先の一つであるパルシステム生活協同組合連合会が強い関心を示した．2000年，組合員，つまり消費者からの植樹基金を募り始め，2004年には産地交流企画として「ふーどの森植樹ツアー」が実施され，消費者自らが「漁協の森」づくりに参画するようになった．「木を植える漁業者」としての漁協イメージは，消費者にとっての付加価値となり，消費者を森林管理の輪の中に引き入れることによって，持続的に森林管理が行われるしくみが形成されている（三俣ほか 2008）．

b. 薪の調達を通じた森林環境の整備

1970年代，北海道苫小牧市および周辺自治体に広がる勇払原野を大規模な工業団地とする計画が着手された．この開発計画では，全体の3分の1を緑地として保全し，働く人々にとっての憩いの場とすることが計画された（草苅 2004）．この工業団地の管理会社が取得した一帯の土地には湿性の原野と山林が多く含まれていた．山林は北海道入植以来，おもに薪炭林として使われてきた，ミズナラ，コナラ，シラカンバ，サクラなどからなる広葉樹二次林である．

この管理会社の緑地計画に携わり，広葉樹二次林を適度に間伐しながら緑地環境の改善を試みてきた専門家を中心に，2010年に NPO 苫東環境コモンズが創設された．この NPO は，工業団地の管理会社から団地内の一部の緑地を保全管理することを認められ，独自の管理作業とコモンズ的な利活用を行っている．この NPO 会員は60人ほどであるが，中には薪ストーブ利用者が含まれている．NPO の活動の多くが，森林の管理作業，いわば森林ボランティアであるが，これに年間14日以上参加した会員は，1年分の需要量に相当する2棚（およそ5.4層積 m³）の薪を無料で得られる．薪を必要とするものの，森林作業に参加できない会員は，NPO から定価で購入する．

この NPO での森林管理作業は，以下のようなものである．憩いの場として森林を活用するために，林内にはフットパスが整備され，安全確保のための樹木管理に重点が置かれる．隣接する樹木同士の枝が強く触れ合うようになると，枝が枯れ始めやがて落枝による危険が増すので，その年の管理対象範囲を定め，適宜間伐することによって密度管理が行われる．根がえりのおそれのある傾斜

図 4.15　密度管理のために伐採された広葉樹から作られた薪（2017 年, 北海道安平町）.

木は見つけしだい伐採される．伐採した樹木は，直径 5 cm 以上のものは薪に加工し，それ以下のものは林内に残置して処分する（図 4.15）．加工した薪は，森林作業に参加できない会員などへと販売され，NPO の主要な収入となっている（2017 年 12 月聞き取り）．

森林作業に参加する薪ストーブ利用者の視点に立つと，自ら薪という森林の供給サービスを得ることが，広葉樹二次林の環境保全にも貢献しているということになる．また，薪を購入する会員も，薪の対価の支払いを通じて広葉樹二次林の環境保全を支援していることになる．薪を必要とする会員の多くは，札幌市などやや離れた都市部に在住しているということである．都市では薪の調達に困難があるために，薪の調達を通じた，そして地域と都市住民を巻き込んだ形での森林利用・管理のしくみが成り立っていると考えられる．

日本暖炉ストーブ協会によると，長期的に薪ストーブや暖炉の販売台数は伸びてきた．これは，新たな薪の需要者が一定程度増え続けているものとみなすことができるだろう．上で紹介した事例と同様に，町場に住む薪ストーブ利用者が，近郊の里山管理に参画するようになった例は宮城県大崎町（新妻 2011）をはじめ，多くの地域で同時多発的に形成されてきている（沐日社が 2007 年より刊行している雑誌「薪ストーブライフ」各号を参照）．また，里山環境の保全管理を進める立場からも，薪利用を里山管理の輪の中に組み込むことが有効であるとされている（大住ほか 2014）．このように，薪を新たに需要するようになった人々は，直接的・間接的に森林管理の担い手となる可能性を秘めており，今後，地域ごとに持続可能な森林管理へとつなげるしくみづくりが期待される．

4.4 本書のまとめ

　本書では，日本の森林の移りゆくさまと，私たち人間社会とのかかわりをみてきた．

　森林のダイナミクスをみるとき，大きく二つの見方ができる．一つは，長い歴史を通じてみる見方である（第1章）．このような見方に立つと，日本列島に人間が登場してからの数万年間，森は変化し続けている．いわば通時的なダイナミクスであり，一方向的なダイナミクスともいえる．この森のダイナミクスには，気候変動のように長期スケールで大きく緩やかな変化を起こすインパクトと，人間活動がもたらすきわめて即効性の高いインパクトが関与してきた．特に後者のインパクトの強さは，人間の個体数（人口）の増加と技術力の進展に従って，飛躍的に高まった．

　人間が森林資源を利用する際に編み出した技術のうち，最も早く生まれ，いち早く進化したのが，木材を伐採し搬出する技術である．この技術はいまなお進化を続けているが，数百年前の技術ですら，木材資源の枯渇を引き起こすのに十分であった．こうした技術を用いた度重なる木材資源の収奪は，つい半世紀ほど前までに，もはやこの列島上に原生林といえる森をほとんど残さないほどであった．

　過去に人間が引き起こした森林資源の過剰利用は，単に資源枯渇というだけでなく，大水害や渇水などの災害を引き起こし，そうした経験の中から，森を作り育てる技術や森を守るしきたりや制度が生まれてきた．森を作り育てる技術は，明治以降，西洋由来の科学的林学と結合しながら，より価値の高い木材を効率よく生産する手段として，経済成長を求める近代社会の中で全国各地に普及した．特に，戦後の拡大造林は，森林の木材生産機能に極度に特化したものとして大きな画期であった．それは，生産性が低いとみなされた里山，つまり人びとが日々の暮らしや農業に用いてきた林野を広くのみ込み，一時期は人里離れた奥山までも侵食するに至った．その結果として生み出された人工林は，日本の森林の4割を占めるまでになっている．

　こうした大きな変動を示してきた日本の森であるが，より小さな時間スケー

ルでみれば，若返りと成長を通じて一定の再現性が保たれた森の姿もあった（第2章）．ここに認められるのは，更新を繰り返す，循環のダイナミクスである．

循環するダイナミクスをみせる森は，人々が森林資源を利用する中で独特な生物相を育んできた．たとえば，里山二次林において萌芽性の高いナラなどが多いのは，人々が短いサイクルで里山のバイオマスを刈り取った結果であるし，人間の側でナラを薪や炭として重用し，ナラの再生が確実になるような刈り取り方を築いてきたのは，ナラが身近にあり続けたことの結果であろう．そして春先に明るい条件となるナラ林の林床は，氷期の植物のレフュージア（生態学的避難場）として機能してきた．こうしてみると，循環するダイナミズムを示す森林生態系は，日本列島の森林生物群集と人間の文化の「相互作用」によって形成されてきたものといえるだろう．

しかし，この森林の生物と人との「共生系」は，過去数十年で大きく変化している．燃料や肥料は地域バイオマスに依存しなくなり，経済のグローバル化が進む中，人間による森林の利用圧，すなわち攪乱強度は大きく低下した．これまで日本列島では過剰利用による森林の変化は何度も生じたが，利用の減少による変化というのは初めてのできごとかもしれない（第3章）．

森林利用の減少がもたらす問題としては，木は生えているのに水害を引き起こしやすい森になってしまうこと，人間が利用してきた森林で維持されてきた生物多様性の損失，新しいタイプの森林病害虫の蔓延，野生鳥獣の増加による農業被害などが挙げられる．これらは人間活動のあり方が大きく変化してから数十年経って初めて問題の輪郭をとらえられるようになったにすぎない．その本当の帰結はまだみえていないといってもよい．これまで私たちが予想していなかったような問題が，将来的に顕在化する可能性も十分にある．

この未経験の森林の変化に対し，さまざまな形で懸念を感じ取った人々が，何らかの是正をはかる行動を起こし始めている．また国をはじめとする政策の中でも対策がとられ始めている（第4章）．さらに，都市の人々が参加する形で，公的な制度に大きく依存しない取り組みも行われている．現在展開されている市民による森林管理の多くは，かつての森林利用がおもに供給サービスを享受するためのものだったのとは異なり，文化的サービス，調整サービス，生物多様性保全を重視していることに根ざしている．これらの動きも日本列島での歴

史上，まったく新しいものである．この動きが持続的なものになるかは，私た
ちの意識と社会制度のあり方に大きくかかっているだろう．

参 考 文 献

Barnosky AD, Koch PL, Feranec RS et al. (2004) Assessing the causes of late Pleistocene extinctions on the continents. Science 306 (5693): 70-75.

Barrios-Garcia MN, Ballari SA (2012) Impact of wild boar (*Sus scrofa*) in its introduced and native range: a review. Biological Invasions 14: 2283-2300.

Fukasawa K, Miyashita T, Hashimoto T et al. (2013) Differential population responses of native and alien rodents to an invasive predator, habitat alteration and plant masting. Proceedings of the Royal Society B: Biological Sciences 280: 20132075.

Iida S, Nakashizuka T (1995) Forest fragmentation and its effect on species diversity in sub-urban coppice forests in Japan. Forest Ecology and Management 73: 197-210.

Ishii HT, Tanabe S, Hiura T (2004) Exploring the relationships among canopy structure, stand productivity, and biodiversity of temperate forest ecosystems. Forest Science 50: 342-355.

Ito S, Nakagawa M, Buckley GP et al. (2003) Species richness in sugi (*Cryptomeria japonica* D. DON) plantations in southeastern Kyushu, Japan: the effects of stand type and age on understory trees and shrubs. Journal of Forest Research 8: 49-57.

Ito S, Ishigami S, Mitsuda Y et al. (2006) Factors affecting the occurrence of woody plants in understory of sugi (*Cryptomeria japonica* D. Don) plantations in a warm-temperate region in Japan. Journal of Forest Research 11: 243-251.

Lenzen M, Moran D, Kanemoto K et al. (2012) International trade drives biodiversity threats in developing nations. Nature 486: 109-112.

Maleque MA, Maeto K, Ishii HT (2009) Arthropods as bioindicators of sustainable forest management, with a focus on plantation forests. Applied Entomology and Zoology 44: 1-11.

Nakashizuka T, Iida S (1995) Composition, dynamics and disturbance regime of temperate deciduous forests in Monsoon Asia. Vegetatio 121: 23-30.

Osada Y, Yamakita T, Shoda-Kagaya E et al. (2018) Disentangling the drivers of invasion spread in a vector-borne tree disease. Journal of Animal Ecology 87: 1512-1524.

Paine RT (1966) Food web complexity and species diversity. The Ameriacan Naturalist 100: 65-75.

Peterken GF, Game M (1984) Historical factors affecting the number and distribution of vascular plant species in the woodlands of central Lincolnshire. Journal of Ecology 72: 155-182.

Power ME, Tilman D, Estes JA et al. (1996) Challenges in the quest for keystones. BioScience 46: 609-620.

Qian H, Klinka K, Sivak B (1997) Diversity of the understory vascular vegetation in 40 year-old and old-growth forest stands on Vancouver Island, British Columbia. Journal of Vegetation Science 8: 773-780.

Saito H, Mitsumata G (2008) Bidding customs and habitat improvement for Matsutake (*Tricholoma matsutake*) in Japan. Economic Botany 62 (3): 257-268.

Sakai A, Sato S, Sakai T et al. (2005) A soil seed bank in a mature conifer plantation and establishment of seedlings after clear-cutting in southwest Japan. Journal of Forest Research 10: 295-304.

参 考 文 献

Sakai M, Natuhara Y, Imanishi A et al.（2012）Indirect effects of excessive deer browsing through understory vegetation on stream insect assemblages. Population Ecology 54: 65-74.

Singer FJ, Swank WT, Clebsch EEC（1984）Effects of wild pig rooting in a deciduous forest. The Journal of Wildlife Management 48: 464-473.

Suzuki M, Miyashita T, Kabaya H et al.（2008）Deer density affects ground-layer vegetation differently in conifer plantations and hardwood forests on the Boso Peninsula, Japan. Ecological Research 23: 151-158.

Suzuki M（2013）Succession of abandoned coppice woodlands weakens tolerance of ground-layer vegetation to ungulate herbivory: A test involving a field experiment. Forest Ecology and Management 289: 318-324.

Takada M, Baba YG, Yanagi Y et al.（2008）Contrasting responses of web-building spiders to deer browsing among habitats and feeding guilds. Environmental Entomology 37（4）: 938-946.

Takahashi H, Kaji K（2001）Fallen leaves and unpalatable plants as alternative foods for sika deer under food limitation. Ecological Research 16: 257-262.

Taki H, Yamaura Y, Okabe K et al.（2011）Plantation vs. natural forest: Matrix quality determines pollinator abundance in crop fields. Scientific Reports 1: 132. https://doi.org/10.1038/srep00132

Taki H, Okochi I, Okabe K et al.（2013）Succession influences wild bees in a temperate forest landscape: the value of early successional stages in naturally regenerated and planted forests. PLoS One 8（2）: e56678. https://doi.org/10.1371/journal.pone.0056678

Taylor DL, Leung LKP, Gordon IJ（2011）The impact of feral pigs（*Sus scrofa*）on an Australian lowland tropical rainforest. Wildlife Research 38: 437-445.

Terborgh J, Nuñez-Iturri G, Pitman NC et al.（2008）Tree recruitment in an empty forest. Ecology 89: 1757-1768.

Wardle DA, Barker GM, Yeates GW et al.（2001）Introduced browsing mammals in New Zealand natural forests: Aboveground and belowground consequences. Ecological Monographs 71: 587-614.

Watari Y, Takatsuki S, Miyashita T（2008）Effects of exotic mongoose（*Herpestes javanicus*）on the native fauna of Amami-Oshima Island, southern Japan, estimated by distribution patterns along the historical gradient of mongoose invasion. Biological Invasions 10: 7-17.

IPBES ウェブサイト．https://www.ipbes.net/deliverables/1c-ilk（2019 年 8 月 3 日確認）

相川高信（2014）木質バイオマス事業　林業地域が成功する条件とは何か．全国林業改良普及協会．

会田貞助（1951）南方の木材．丸善出版．

赤坂　実（2017）原木による短木自然天候型マイタケ栽培．森林技術 906：16-19.

秋道智彌（1999）なわばりの文化史　海・山・川の資源と民俗社会．小学館．

朝日新聞（2017）新国立の建設現場「型枠に熱帯木材」環境 NGO，使用中止を要請．2017 年 9 月 13 日 5 面．

ロバート・A. アスキンズ，黒沢令子 訳（2016）落葉樹林の進化史　恐竜時代から続く生態系の物語．築地書館．

阿部和時（2018）表層崩壊．「森林と災害」（中村太士，菊沢喜八郎 編）．共立出版．

荒垣恒明（2011）巣鷹をめぐる信越国境地域の山地利用規制．「日本列島の三万五千年　人と自然の環境史　第 5 巻：山と森の環境史」（湯本貴和 編，池谷和信，白水　智 責任編集）．文一総合出版．

飯泉　茂（1991）ファイアーエコロジー　火の生態学．東海大学出版会．

泉　桂子（2016）大型小売店舗における FSC 認証ロゴのある製品の販売状況─岩手県盛岡市を対象として─．林業経済研究 62（3）：1-12.

参　考　文　献

井藤宏香, 伊藤　哲, 塚本麻衣子ほか (2008) 照葉樹二次林における林冠構成萌芽株集団の動態が林分構造の変化に及ぼす影響. 日本森林学会誌 90：46-54.

犬井　正 (2002) 里山と人の履歴. 新思索社.

井上大成 (2007) 草地・森林の変遷とチョウ類の保全. 日本草地学会誌 53：40-46.

今治安弥, 上田正文, 和口美明ほか (2013) モウソウチク・マダケの侵入がスギ・ヒノキ人工林の水分生理状態に及ぼす影響. 日本森林学会誌 95：141-146.

岩井吉彌 (2008) 竹の経済史　西日本における竹産業の変遷. 思文閣出版.

岩松文代 (2002)「茅葺きの里」の形成―茅葺き屋根の増減動向を中心に―. 第 8 回観光に関する学術研究論文入選論文集：18-33.

上山春平 編 (1969) 照葉樹林文化　日本文化の深層. 中央公論新社.

内山　節 (2001) 森の列島に暮らす　森林ボランティアからの政策提言. コモンズ.

大嶋月庵 (2000) 大嶋月庵画文集　思い出の雪国歳時記　魚沼の暮らしと農作業. 越南プリンティング.

大住克博, 奥　敬一, 黒田慶子 編 (2014) 里山管理を始めよう　持続的な利用のための手帳. 森林総合研究所関西支所.

大田伊久雄, 鎌倉真澄 (2016) 森林認証木材製品の価格プレミアムに関する実証的研究. 林業経済研究 62 (3)：42-48.

太田尚宏 (2012) 森林政策から見た"徳川三百年".「徳川の歴史再発見　森林の江戸学」(徳川林政史研究所 編). 東京堂出版.

大西　鼎 (1907) 実用森林利用学 上巻. 六盟館.

小川　真 (1991)「マツタケ」の生物学. 築地書館.

奥　敬一 (2016) 越前オウレンの栽培技術. 森林科学 78：26-27.

小椋純一 (1994) 明治 10 年代における関東地方の森林景観. 造園雑誌 57 (5)：79-84.

小田智基, 江草智弘, 堀田紀文 (2017) 観測の現場をたずねて― 62：東京大学千葉演習林袋山沢試験地における対照流域法による水文観測―. 砂防学会誌 70：68-71.

小谷二郎, 江崎功二郎 (2012) 放置期間の違いが竹林の下層植生の発達に与える影響. 森林立地 54：19-28.

小野　裕 (2001) 森林土壌における団粒の発達が土壌物理性に及ぼす影響. 日本林学会誌 83：116-124.

小野田雄介, 矢原徹一 (2015) ヒトとシカの時間―屋久島の生態系とシカ個体群変遷―.「保全生態学の挑戦　空間と時間のとらえ方」(宮下　直, 西廣　淳 編). 東京大学出版会.

小山内信智 (2018) 土石流.「森林と災害」(中村太士, 菊沢喜八郎 編). 共立出版.

掛谷亮太, 瀧澤英紀, 小坂　泉ほか (2016) スギ林分の間伐が根系生長と表層崩壊防止機能に与える影響. 日本緑化工学会誌 42：299-307.

加藤和弘, 谷地庸衣子 (2003) 里山林の植生管理と植物の種多様性および土壌の化学性の関係. ランドスケープ研究 66：521-524.

香山雅純 (2006) トウヒ属樹林の蛇紋岩土壌における適応機構の解明と環境修復に関する研究. 北海道大学演習林研究報告 63：33-78.

樺太林業史編纂会 編 (1960) 樺太林業史. 農林出版.

川幡穂高 (2009) 縄文時代の環境 その 1―縄文人の生活と気候変動―. 地質ニュース 659：11-20.

岸本定吉 (1981) 森林エネルギーを考える. 創文.

鬼頭　宏 (2000) 人口から読む日本の歴史. 講談社.

吉良今朝芳 (1974) 椎茸の生産と流通. 農林出版.

吉良竜夫 (1949) 日本の森林帯. 林業技術解説シリーズ 17：1-41.

草苅　健 (2004) 林とこころ. 北海道林業改良普及協会.

熊崎　実, 沢辺　攻 (2013) 木質資源とことん活用読本　薪, チップ, ペレットで燃料, 冷暖房, 発

電. 農山漁村文化協会.

倉田一郎（1937）17 焼畑.「山村生活の研究」（柳田國男 編）. 民間伝承の会.

蔵治光一郎（2003）森林の緑のダム機能（水源涵養機能）とその強化に向けて. 日本治山治水協会.

グリーンインフラ研究会，三菱 UFJ リサーチ＆コンサルティング，日経コンストラクション（2017）決定版！グリーンインフラ. 日経 BP 社.

黒田慶子，劔持　章（2016）マツ材線虫病予防薬の樹幹注入に起因する通水停止と枯死のリスク. 樹木医学会 21 回大会要旨.

国土緑化推進機構（2018）学校林現況調査報告書（平成 28 年調査）. 国土緑化推進機構.

小沼明弘，大久保悟（2015）日本における送粉サービスの価値評価. 日本生態学会誌 65（3）：217-226.

小林克己，宮林茂幸（2012a）CSR による企業の森づくりの特徴について. 東京農業大学農学集報 56（4）：275-283.

小林克己，宮林茂幸（2012b）企業の森づくりの現状と課題―企業と地域を結ぶ中間セクターの機能―. 東京農大農学集報 57（1）：14-24.

五名美江，蔵治光一郎（2006）「漁民の森」活動の実態と評価. 水 48（6）：14-19.

齋藤暖生（2005）山菜の採取地としてのエコトーン―兵庫県旧篠山町と岩手県沢内村の事例からの試論―. 国立歴史民俗博物館研究報告 123：325-353.

齋藤暖生（2006）日本におけるきのこ利用とその生態的背景. ビオストーリー 6：108-121.

齋藤暖生（2015）特用林産と森林社会―山菜・きのこの今日―. 林業経済 67（12）：2-6.

佐々木高明（1972）日本の焼畑. 古今書院.

佐藤司郎，鈴木　牧，谷脇　徹ほか（2018）丹沢山地におけるシカの増加がオサムシ科甲虫に及ぼす間接的影響. 日本森林学会誌 100：141-148.

サントリー天然水の森ウェブサイト. https://www.suntory.co.jp/eco/forest/activity/（2019 年 8 月 3 日確認）

柴崎茂光（2019）森林が有する文化的な価値の歴史的変遷. 林業経済研究 65（1）：3-14.

白川勝信（2018）芸北せどやま再生事業がもたらすエネルギー流通と地域経済の変化. 森林環境 2018：99-108.

白根孝胤（2012）森林の保全と育成　15 盗伐の取り締まり.「徳川の歴史再発見　森林の江戸学」（徳川林政史研究所 編）. 東京堂出版.

白水　智（2011）近世山村の変貌と森林保全をめぐる葛藤―秋山の自然はなぜ守られたか―.「日本列島の三万五千年　人と自然の環境史　第 5 巻：山と森の環境史」（湯本貴和 編，池谷和信，白水　智 責任編集）. 文一総合出版.

森林総合研究所 監修（2004）木材工業ハンドブック　改訂 4 版. 丸善出版.

森林総合研究所（2011）関東・中部地域で林地生産を目指す特用林産物の安定生産技術マニュアル. 森林総合研究所.

須賀　丈，岡本　透，丑丸敦史（2012）草地と日本人　日本列島草原 1 万年の旅. 築地書館.

鈴木重雄（2010）竹林は植物の多様性が低いのか？　森林科学 58：11-14.

鈴木　牧，坂田宏志，田中哲夫（2003）兵庫県における狩猟者人口の動態. 人と自然 14：33-41.

鈴木三男（2002）日本人と木の文化. 八坂書房.

鈴木三男，能城修一，田中孝尚ほか（2014）縄文時代のウルシとその起源. 国立歴史民俗博物館研究報告 187：49-71.

關　義和（2017）中大型食肉目への影響.「日本のシカ　増えすぎた個体群の科学と管理」（梶　光一，飯島勇人 編）. 東京大学出版会.

全国燃料会館日本木炭史編纂委員会 編（1960）日本木炭史. 全国燃料会館.

総理府資源調査会（1952）日本の農林水産資源. 時事通信社.

参 考 文 献

高桑　進（2015）大学間里山交流会の歩みと今後の課題．2014 年度年次報告書里山学研究「里山と東アジアのコモンズ」：102-104.

高桑正敏（2007）雑木林におけるシロスジカミキリと好樹液性昆虫はなぜ衰退したか？ Bulletin of Kanagawa Prefectectural museum 36: 75-90.

高宮広衛，金武正紀，鈴木正男（1975）那覇市山下町洞穴発掘経過報告．人類学雑誌 83：125-130.

高山慶太郎（1942）南洋の林業．豊国社．

竹内嘉江（2011）マツタケ山の経営試算．長野県林業総合センター技術情報 140：2-3.

コンラッド・タットマン，黒沢令子 訳（2018）日本人はどのように自然と関わってきたのか　日本列島誕生から現代まで．築地書館．

田原　昇（2012）森林の保全と育成　8　木曽山の留山．「徳川の歴史再発見　森林の江戸学」（徳川林政史研究所 編）．東京堂出版.

田原　昇（2012）領民による材木生産　36　百姓の山と経営．「徳川の歴史再発見　森林の江戸学」（徳川林政史研究所 編）．東京堂出版.

千葉徳爾（1991）はげ山の研究．そしえて．

辻野　亮（2011）日本列島での人と自然のかかわりの歴史．「日本列島の三万五千年　人と自然の環境史　第 1 巻：環境史とは何か」（湯本貴和 編，松田裕之，矢原徹一 責任編集）．文一総合出版.

頭山昌郁，中越信和（1994）植林地と二次林における土壌動物相の比較．日本生態学会誌 44：21-31.

遠山富太郎（1976）杉のきた道　日本人の暮しを支えて．中央公論社．

鳥居厚志，井鷺裕司（1997）京都府南部地域における竹林の分布拡大．日本生態学会誌 47：31-41.

長池卓男（2000）人工林生態系における植物種多様性．日本林学会誌 82：407-416.

中尾佐助（1977）半栽培という段階について．どるめん 13：6-14.

中島道郎（1948）農用林概論．朝倉書店．

中島啓裕（2014）フィールドの生物学 13：イマドキの動物ジャコウネコ　真夜中の調査記．東海大学出版部.

中橋孝博（2012）縄文時代人・弥生時代人．季刊考古学 118：65-69.

新妻弘明（2011）地産地消のエネルギー．NTT 出版.

西本豊弘（2010）縄文時代の狩猟の実態．「人と動物の考古学」（西本豊弘，新美倫子 編）．吉川弘文館.

日本集成材工業協同組合ウェブサイト「集成材の国内生産量調査」http://www.syuseizai.com/topics/info/366（2019 年 8 月 3 日確認）

日本森林技術協会（2017）特集 薬木，特にキハダの造林・収穫・販売．森林技術 904：2-21.

日本木質バイオマスエネルギー協会（2018）国産燃料材の需給動向について　発電用木質バイオマス燃料の需給動向調査（2017（平成 29）年度）．日本木質バイオマスエネルギー協会.

温井浩徳（2016）横浜市の水源林保全の取り組み—都市への飲料水の供給源としての森林—．環境情報科学 45（2）：57-62.

能城修一，佐々木由香（2014a）遺跡出土植物遺体からみた縄文時代の森林資源利用．国立歴史民俗博物館研究報告 187：15-48.

能城修一，佐々木由香（2014b）現生のウルシの成長解析からみた下宅部遺跡におけるウルシとクリの資源管理．国立歴史民俗博物館研究報告 187．189-203.

能城修一，南木睦彦，鈴木三男ほか（2014）大阪湾北岸の縄文時代早期および中～晩期の森林植生とイチイガシの出現時期．植生史研究 22：57-67.

農林省山林局（1936）治水関係資料第九輯　焼畑及切替畑ニ関スル調査．農林省山林局.

農林水産省ウェブサイト「野生鳥獣資源利用実態調査」http://www.maff.go.jp/j/tokei/kouhyou/jibie/（2019 年 9 月 30 日確認）

参 考 文 献

農林水産省ウェブサイト「林業生産に関する統計」http://www.maff.go.jp/j/tokei/sihyo/data/14.html
  （2019 年 9 月 30 日確認）

「農林水産省百年史」編纂委員会 編 （1979）農林水産省百年史.「農林水産省百年史」刊行会.

バイオマス社会産業ネットワーク （2015）バイオマス白書 2015. http://www.npobin.net/hakusho/2015/
  （2019 年 8 月 3 日確認）

林　和弘 （2016）マツタケ生産に向けた飯伊森林組合の活動について. 山林 1586：19-26.

樋口清之 （1993）日本木炭史（新装版）. 講談社.

平山洋介 （2014）持ち家社会と住宅政策（特集 居住保障と社会政策）. 社会政策 6 （1）：11-23.

広嶋卓也 （2016）全国自治体における「森林管理・環境保全直接支払制度」導入前後の間伐傾向の変
  化. 森林計画学会誌 49 （2）：83-93.

深沢　光 （2003）薪のある暮らし方. 創森社.

深澤　遊 （2017）キノコとカビの生態学　枯れ木の中は戦国時代. 共立出版.

福井勝義 （1974）焼畑のむら. 朝日新聞社.

福井　聡，武田義明，赤松弘治 （2011）兵庫県丸山湿原における湧水湿地の保全を目的とした植生管
  理による湿原面積と種多様性の変化. ランドスケープ研究 74：487-490.

福島慶太郎，阪口翔太，井上みずきほか （2014）シカによる下層植生の過採食が森林の土壌窒素動態
  に与える影響（特集 シカの採食圧による植生被害防除と回復）. 日本緑化工学会誌 39 （3）：
  360-367.

福嶋　司，岩瀬　徹 編著 （2005）図説 日本の植生. 朝倉書店.

福田晴夫，浜　栄一，葛谷　健ほか （1983）原色日本蝶類生態図鑑 2. 保育社.

富士急行 50 年史編纂委員会 （1977）富士山麓史. 富士急行株式会社.

藤田祐樹，久保（尾崎）麦野 （2016）リュウキュウジカ研究における近年の成果と課題. 沖縄県立博
  物館・美術館博物館紀要 9：7-11.

藤田佳久 （1983）日本の山村. 地人書房.

藤原儀兵衛 （2011）マツタケ山づくりのすべて　生産技術全公開. 全国林業改良普及協会.

船越昭治 （1981）日本の林業・林政. 農林統計協会.

芳賀和樹 （2012）領民による材木生産　34 部分林.「徳川の歴史再発見　森林の江戸学」（徳川林政
  史研究所 編）. 東京堂出版.

堀江玲子，遠藤孝一，野中　純ほか （2006）栃木県那須野ヶ原におけるオオタカの営巣環境選択. 日
  本鳥学会誌 55：41-47.

毎日新聞社説 （1961）木材対策はまず実行だ. 1961 年 5 月 25 日 3 面.

増野和彦 （2016）森林空間を活用したきのこの栽培及び増殖技術の開発. 山林 1584：18-27.

松浦友紀子 （2017）野生鳥獣をたべる. 森林科学 81：37-39.

松本和馬 （2008）東京都多摩市の森林総合研究所多摩試験地および都立桜ヶ丘公園のチョウ類群集と
  森林環境の評価. 環境動物昆虫学会誌 19：1-16.

丸山徳次，宮浦富保 （2007）里山学のすすめ〈文化としての自然〉再生に向けて. 昭和堂.

水谷幸夫 （2003）燃焼工学入門　省エネルギーと環境保全のための. 森北出版.

水野章二 （2015）里山の成立　中世の環境と資源. 吉川弘文館.

水本邦彦 （2003）草山の語る近世. 山川出版社.

三俣　学，森本早苗，室田　武 編 （2008）コモンズ研究のフロンティア　山野海川の共的世界. 東
  京大学出版会.

宮木雅美 （1988）ナラ類の堅果の散布様式. 北海道の林木育種 31：36-39.

宮下　直 （2014）生物多様性のしくみを解く. 工作舎.

安田喜憲 （2017）森の日本文明史. 古今書院.

安田喜憲，三好教夫 編 （1998）図説 日本列島植生史. 朝倉書店.

柳　洋介，高田まゆら，宮下　直（2008）ニホンジカによる森林土壌の物理環境の改変：房総半島における広域調査と野外実験．保全生態学研究 13：65-74.

養父志乃夫（2009a）里地里山文化論 上：循環型社会の基層と形成．農山漁村文化協会.

養父志乃夫（2009b）里地里山文化論 下：循環型社会の暮らしと生態系．農山漁村文化協会.

矢部三雄（2018）津軽森林鉄道導入の背景と国有林経営における青森ヒバの位置に関する考察．林業経済 71（2）：1-16.

山岡傳一郎，伊藤　隆，浅間宏志ほか（2017）生薬国内生産の現状と問題．日本東洋医学雑誌 68（3）：270-280.

山口明日香（2015）森林資源の環境経済史　近代日本の産業化と木材．慶應義塾大学出版会.

山瀬敬太郎（2012）暖温帯域での高齢化した里山構成種7種の萌芽能力．日本緑化工学会誌 38（1）：109-114.

山田悟郎（1998）北海道の植生史（1）：北北海道.「図説　日本列島植生史」（安田喜憲，三好教夫 編）．朝倉書店.

山田　健（2014）水を育む森づくり―「サントリー天然水の森」の活動―．山林 1566：13-20.

山本信次（2003）森林ボランティア論．日本林業調査会.

横山　智（2013）生業としての伝統的焼畑の価値：ラオス北部山地における空間利用の連続性．ヒマラヤ学 14：242-254.

吉岡明良，角谷　拓，今井淳一ほか（2013）生物多様性評価に向けた土地利用類型と「さとやま指数」でみた日本の国土．保全生態学研究 18：141-156.

吉川金次（1976）ものと人間の文化史 18：鋸．法政大学出版局.

吉田国光（2011）天王山における「里山の荒廃」と「竹林拡大」の関係性．熊本大学政策研究 2：67-82.

吉田成章（2006）研究者が取り組んだマツ枯れ防除―マツ材線虫病防除戦略の提案とその適用事例―．日本森林学会誌 88：422-428.

吉村文彦（2004）ここまで来た！まつたけ栽培．トロント.

米田　穣，陀安一郎，石丸恵利子ほか（2011）同位体からみた日本列島の食生態の変遷.「日本列島の三万五千年　人と自然の環境史　第6巻：環境史をとらえる技法」（湯本貴和 編，湯本貴和，高原　光，村上哲明 責任編集）．文一総合出版.

林野庁（1980）昭和54年度林業白書.

林野庁（2010）森林づくり活動についてのアンケート集計結果調査．林野庁.

林野庁（2014）平成25年度森林・林業白書．林野庁.

林野庁（2015）企業事例で見る森のCSV読本．林野庁.

林野庁（2018）平成29年度森林・林業白書.

用 語 索 引

欧 文

COP10　81

EcoDRR（ecosystem-based disaster risk reduction）　148

IPBES（Intergovernmental Science-Policy Platform on Biodiversity and Ecosystem Services）　74

ア 行

愛知目標　81

安定同位体比　9

稲作　7, 14

入会林野　19, 33, 155

奥山　19, 31, 40, 55, 165

落ち葉掻き　56, 60, 97, 100, 141

カ 行

皆伐　57, 64, 82, 84, 86

拡大造林　33, 40, 55, 76, 77, 111, 128, 150, 165

過少利用（アンダーユース）　76, 91, 107, 110, 111, 123, 125, 127, 132, 140, 157

過剰利用（オーバーユース）　112, 125, 136, 165

カスケード利用　139

化石燃料　54, 136

樺太　30, 36, 37

間伐　65, 66, 81-83, 88, 122, 128, 135, 136, 144, 150, 157, 158, 160, 161, 163

気候的極相　2

企業の社会的責任（CSR）　159

キーストーン種　102

寄生虫　114

キノコ　57, 60, 71, 74, 82, 142, 157, 162

供給サービス　73, 126, 127, 145, 155, 161, 162, 166

休閑林　34, 58, 71

菌根菌　24, 58, 60, 82, 142

グリーンインフラ　147, 151

原生林　5, 30, 76, 165

原木　54, 144

高度経済成長　40, 77, 101, 111, 121, 125, 128

合板　79, 129, 132

国際自然保護連合（IUCN）　118

国産材　36, 37, 43, 77, 91, 127, 129, 132, 133, 157

根粒菌　75

サ 行

最終氷期最寒期（LGM）　7, 8, 93, 96

里山　19, 44, 60, 61, 68, 75, 85, 91, 94, 100, 101, 104, 107, 110, 111, 125, 138, 143, 157, 160, 162, 164, 165

山菜　57, 71, 74, 84, 95, 122, 142

地拵え　55, 64, 73

持続可能な開発のための教育（ESD）　160

持続可能な開発目標（SDGs）　81

柴　18, 19, 23, 51, 74

ジビエ　141, 146

集成材　79, 129, 132

狩猟・採集　7, 8, 15

松根油 38, 98
常緑広葉樹林 4, 8, 13
植林 23, 40, 64, 73, 157, 161
人工林 33, 40, 43, 45, 48, 50, 55, 64, 73, 74,
　76, 77, 81, 109, 110, 113, 122, 125, 127,
　130, 143, 145, 155, 156, 158, 160, 161, 165
人獣共通感染症 114
薪炭 13, 21, 24, 29, 31, 34, 38, 39, 42, 44, 46,
　51, 57, 62, 68, 74, 96, 101, 107, 110, 122,
　134, 142, 161, 163, 166
針葉樹林 4, 8, 18, 40, 55, 64, 74, 76, 77, 109,
　143
森林ボランティア 155, 156, 163
森林環境税 153
森林認証 133
森林法 33, 151

水運 17, 30
水源涵養機能 33, 86, 88, 126, 152, 158, 160
垂直分布 4
水平分布 4
巣鷹山 27
スプリング・エフェメラル 71, 83, 95, 100
炭焼き 54, 64, 157

生態系エンジニア 118
生態系サービス 77, 89, 125, 149, 151, 153, 154
生態系ディスサービス 66, 77, 141, 153
生態系への支払い（PES） 153
生物多様性 81, 82, 86, 88, 90, 92, 109, 110,
　148, 166
生物多様性フットプリント 90
遷移 4, 45, 58, 60, 71, 91, 92, 96, 99, 110, 122
遷移後期種 4, 92, 99, 122
遷移初期種 85, 95, 97, 99, 109, 122

雑木林 94, 100, 101, 104
草地 11, 80, 122

タ　行

択伐 26, 66, 67

多面的機能 151, 155

竹林 48, 63, 107, 110, 157, 160
窒素固定 71
調整サービス 85, 126, 153, 155, 158, 166

つる植物 48, 62, 66

鉄（製鉄） 15
鉄道 29, 31

留山・留木 26, 125, 155
トレードオフ 88
ドングリ 93

ナ　行

ナラ枯れ 105
南洋材 36, 37, 42

二次林 12, 44, 60, 76, 83, 88, 91, 100, 122, 132,
　157, 163, 166

根株掘り 22
燃材 49, 51, 74, 92, 98, 111, 133, 135, 136
燃料革命 97, 111, 133

農用林 68, 91
野焼き 11, 58, 144

ハ　行

パルプ 33, 44, 139

表層崩壊 85, 88, 150

複層林（施業） 67
腐生菌 58, 60
文化的サービス 126, 155, 161, 166

保安林 33, 151, 153, 157
萌芽 68, 74, 92, 142, 157, 166

生 物 名 索 引　　　　　　　　*177*

マ 行

埋土種子　65, 82, 99
薪ストーブ　137, 138, 163
マツ枯れ　25, 98, 105
マテリアル利用　49, 132, 140

木材自給率　43, 127
木材貿易　36
木質バイオマス発電　134-136, 140

ヤ 行

焼畑　11, 33, 58, 62, 64, 71, 122
薬種生産　144
野生動物　45, 76, 78, 104, 111, 141, 145, 166

用材（建築用材）　19, 27, 33, 46, 49, 74, 77, 79,
　　81, 88, 91, 92, 98, 127, 132, 140, 155

ラ 行

落葉広葉樹林　4, 8, 74, 96

履歴効果　82, 84
林冠　4, 65, 70, 81, 82, 100, 109
林種転換　42
林床　66, 70, 82, 83, 95, 100, 109, 116, 120, 121,
　　141, 142, 144, 166
輪伐　25

ワ 行

ワイズユース　73, 140

生物名索引

ア 行

アカマツ　17, 22, 24, 51, 59, 61, 92, 96, 105,
　　141
アズマネザサ　100, 101

イノシシ　9, 15, 94, 111, 112, 117, 119, 121,
　　123, 145

ウバメガシ　55
ウルシ　23

オウレン　144

カ 行

カシノナガキクイムシ　107
カタクリ　71, 95
カラマツ　29, 33, 50, 53, 67, 77, 82, 130

クヌギ　13, 53, 55, 56, 67, 68, 93, 97, 101, 142,
　　157
クリ　13, 23, 29, 92

コウヤマキ　8, 17, 27
コナラ　12, 53, 55, 56, 69, 93, 94, 106, 144, 163

サ 行

サンショウ　57, 95

シイタケ　44, 142
シロスジカミキリ　95, 101

スギ　4, 8, 15, 17, 20, 23, 25, 29, 33, 34, 48, 49,
　　53, 64, 73, 77, 81, 83, 89, 130, 155, 156

ソバ　85

タ 行

タラノキ　57, 72, 95

ツガ　8, 50
ツキノワグマ　111, 113, 123
ツシマウラボシシジミ　116

トドマツ　33, 53, 77

ナ 行

ニホンジカ　9, 15, 88, 111, 112, 115, 119, 121,
　　123, 145

ハ 行

ハチク　62
ハナバチ　84, 96
ハンノキ　15, 50, 71

ヒノキ　23, 25, 26, 29, 33, 34, 48, 50, 53, 64, 73,
　　77, 81, 83, 88, 113, 130, 155, 156

フイリマングース　118
ブナ　4, 41, 50, 53, 93, 99, 158

マ 行

マダケ　62, 108
マツタケ　60, 61, 98, 141
マツノザイセンチュウ　105
マツノマダラカミキリ　106

ミズナラ　53, 69, 92, 144, 158, 163
ミツバチ　85

モウソウチク　62, 108
モミ　8, 67

著者略歴

鈴木　牧（すずき　まき）

1973 年　北海道に生まれる
2001 年　北海道大学大学院地球環境科学研究科博士課程修了
現　在　東京大学大学院新領域創成科学研究科准教授
　　　　博士（地球環境科学）

齋藤暖生（さいとう　はる　お）

1978 年　岩手県に生まれる
2006 年　京都大学大学院農学研究科博士後期課程修了
現　在　東京大学大学院農学生命科学研究科 附属演習林富士癒しの森研究所講師
　　　　博士（農学）

西廣　淳（にし　ひろ　じゅん）

1971 年　千葉県に生まれる
1999 年　筑波大学大学院生物科学研究科博士課程修了
現　在　国立環境研究所気候変動適応センター主任研究員
　　　　博士（理学）

宮下　直（みや　した　ただし）

1961 年　長野県に生まれる
1985 年　東京大学大学院農学系研究科修士課程修了
現　在　東京大学大学院農学生命科学研究科教授
　　　　博士（農学）

人と生態系のダイナミクス
2. 森林の歴史と未来　　　　　　定価はカバーに表示

2019 年 12 月 1 日　初版第 1 刷

著　者	鈴　　木　　　　　牧		
	齋　　藤　　暖　　生		
	西　　廣　　　　　淳		
	宮　　下　　　　　直		
発行者	朝　　倉　　誠　　造		
発行所	株式会社 朝 倉 書 店		

　　　　　　　　　　　東京都新宿区新小川町 6-29
　　　　　　　　　　　郵 便 番 号　162-8707
　　　　　　　　　　　電　話　03（3260）0141
　　　　　　　　　　　FAX　03（3260）0180
　　　　　　　　　　　http://www.asakura.co.jp

〈検印省略〉

© 2019 〈無断複写・転載を禁ず〉　　　　シナノ印刷・渡辺製本

ISBN 978-4-254-18542-3　C 3340　　　　　Printed in Japan

JCOPY ＜出版者著作権管理機構　委託出版物＞

本書の無断複写は著作権法上での例外を除き禁じられています．複写される場合は，
そのつど事前に，出版者著作権管理機構（電話 03-5244-5088，FAX 03-5244-5089，
e-mail：info@jcopy.or.jp）の許諾を得てください．

(一社)生物音響学会編

生き物と音の事典

17167-9 C3545　　　　A 5 判 450頁 本体15000円

各項目1～4頁の読み切り形式で解説する中項目事典。コウモリやイルカのエコーロケーション(音の反響で周囲の状況を把握),動物の鳴き声によるコミュニケーションなど,生物は様々な場面で音を活用している。個々の生物種の発声・聴覚のメカニズムから生態・進化的背景まで,生物と音のかかわりを幅広く取り上げる。[内容]生物音響一般／哺乳類1霊長類ほか／哺乳類2コウモリ／哺乳類3海洋生物／鳥類／両生爬虫類／魚類ほか／昆虫類ほか／比較アプローチ

大気環境学会編

大 気 環 境 の 事 典

18054-1 C3540　　　　A 5 判 464頁 本体13000円

PM2.5や対流圏オゾンによる汚染など,大気環境問題は都市,国,大陸を超える。また,ヒトや農作物への影響だけでなく,気候変動,生態系影響など多くの様々な問題に複雑に関連する。この実態を把握,現象を理解し,有効な対策を考える上で必要な科学知を,総合的に基礎からわかりやすく解説。手法,実態,過程,影響,対策,地球環境の6つの軸で整理した各論(各項目見開き2頁)に加え,主要物質の特性をまとめた物質編,タイムリーなキーワードをとりあげたコラムも充実

藤井英二郎・松崎　喬編集代表　上野　泰・大石武朗・中島　宏・大塚守康・小川陽一編

造 園 実 務 必 携

41038-9 C3061　　　　四六判 532頁 本体8200円

現場技術者のための実用書:様々な対象・状況において,自然と人が共生する環境を美しく整備・保全・運用するための基本的な考え方と方法,既往技術の要点を解説。[略目次]基礎・実践・課題(多摩ニュータウンの実例)／計画／設計／エレメントディテール／施工／運営と経営／法規と組織,教育[内容]土地利用／まちづくり／公園／住宅地／農村／水辺／遺跡／学校／福祉施設／オフィス／園路／広場／舗装／植生／環境基本法／都市計画法／景観法／文化財保護法／他

森林総合研究所編

森 林 大 百 科 事 典

47046-8 C3561　　　　B 5 判 644頁 本体25000円

世界有数の森林国であるわが国は,古くから森の恵みを受けてきた。本書は森林がもつ数多くの重要な機能を解明するとともに,その機能をより高める手法,林業経営の方策,木材の有効利用性など,森林に関するすべてを網羅した事典である。[内容]森林の成り立ち／水と土の保全／森林と気象／森林における微生物の働き／野生動物の保全と共存／樹木のバイオテクノロジー／きのことその有効利用／森林の造成／林業経営と木材需給／木材の性質／森林バイオマスの利用／他

東京農工大学農学部『森林・林業実務必携』編集委員会編

森 林 ・ 林 業 実 務 必 携

47042-0 C3061　　　　B 6 判 464頁 本体8000円

公務員試験の受験参考書,現場技術者の実務書として好評の『林業実務必携』の全面改訂版。森林科学の知見や技術の進歩なども含めて,現状に則した内容を解説した総合ハンドブック。[内容]森林生態／森林土壌／林木育種／特用林産／森林保護／野生鳥獣／森林水文／山地防災と流域保全／森林計測／生産システム／基盤整備／林業機械／林産業と木材流通／森林経理・評価／森林法律／森林政策／森林風致／造園／木材加工／材質改良／製材品と木質材料／木材の化学的利用／他

東大宮下　直・東大瀧本　岳・東大鈴木　牧・
東大佐野光彦著

生 物 多 様 性 概 論
―自然のしくみと社会のとりくみ―

17164-8 C3045　　　　　A 5 判 192頁 本体2800円

生物多様性の基礎理論から，森林，沿岸，里山の生態系の保全，社会的側面を学ぶ入門書。〔内容〕生物多様性とは何か／生物多様性の進化プロセスとその保全／森林生態系の機能と保全／沿岸生態系とその保全／里山と生物多様性／生物多様性と社会

東大宮下　直・京大井鷺裕司・東北大千葉　聡著

生 物 多 様 性 と 生 態 学
―遺伝子・種・生態系―

17150-1 C3045　　　　　A 5 判 184頁 本体2800円

遺伝子・種・生態系の三部構成で生物多様性を解説した教科書。〔内容〕遺伝的多様性の成因と測り方／遺伝的多様性の保全と機能／種の創出機構／種多様性の維持機構とパターン／種の多様性と生態系の機能／生態系の構造／生態系多様性の意味

前農工大福嶋　司編

図説 日 本 の 植 生 (第2版)

17163-1 C3045　　　　　B 5 判 196頁 本体4800円

生態と分布を軸に，日本の植生の全体像を平易に図説化。植物生態学の基礎を身につけるのに必携の書。〔内容〕日本の植生概観／日本の植生分布の特殊性／照葉樹林／マツ林／落葉広葉樹林／水田雑草群落／釧路湿原／島の多様性／季節風／他

兵庫県立大太田英利監訳　池田比佐子訳

生 物 多 様 性 と 地 球 の 未 来
―6度目の大量絶滅へ？―

17165-5 C3045　　　　　B 5 判 192頁 本体3400円

生物多様性の起源や生態系の特性，人間との関わりや環境等の問題点を多数のカラー写真や図を交えて解説。生物多様性と人間／生命史／進化の地図／種とは何か／遺伝子／貴重な景観／都市の自然／大量絶滅／海洋資源／気候変動／浸入生物

神戸大石井弘明編集代表

森 林 生 態 学

47054-3 C3061　　　　　A 5 判 184頁 本体3200円

森林生態学の入門教科書。気候変動との関わりから森林の多面的機能まで解説。多数の図表や演習問題を収録。〔内容〕森林生態系と地球環境／森林の構造と動態／森林の成長と物質生産／森林土壌と分解系／森林生態系の物質循環／保全と管理

農工大 豊田剛己編
実践土壌学シリーズ 1

土 壌 微 生 物 学

43571-9 C3361　　　　　A 5 判 208頁 本体3600円

代表的な土壌微生物の生態，植物との相互作用，物質循環など土壌中での機能の解説。〔内容〕土壌構造／植物根圏／微生物の分類／研究手法／窒素循環／硝化／窒素固定／リン／菌根菌／病原微生物／菌類／水田／畑／森林／環境汚染

福島大 金子信博編
実践土壌学シリーズ 2

土 壌 生 態 学

43572-6 C3361　　　　　A 5 判 216頁 本体3600円

代表的な土壌生物の生態・機能，土壌微生物や植物との相互作用，土壌中での機能を解説。〔内容〕原生生物／線虫／土壌節足動物／ミミズ／有機物分解・物質循環／根系／土壌食物網と地上生態系／森林管理／保全型農業／地球環境問題

東農大 森田茂紀編著
シリーズ〈農学リテラシー〉

デ ザ イ ン 農 学 概 論

40563-7 C3361　　　　　A 5 判 196頁 本体3300円

食料問題，環境問題，資源・エネルギー問題など，個別的な課題に取り組んできた従来の農学を踏まえ，生物や生産物が持つ多用な機能を理解したうえで潜在的な新機能を開発し，持続可能な社会・地域・生活をデザインする新たな学問を解説。

神戸大石井弘明編集代表

森 林 生 態 学

47054-3 C3061　　　　　A 5 判 184頁 本体3200円

森林生態学の入門教科書。気候変動との関わりから森林の多面的機能まで解説。多数の図表や演習問題を収録。〔内容〕森林生態系と地球環境／森林の構造と動態／森林の成長と物質生産／森林土壌と分解系／森林生態系の物質循環／保全と管理

日本造園学会・風景計画研究推進委員会監修

実 践 風 景 計 画 学
―読み取り・目標像・実施管理―

44029-4 C3061　　　　　B 5 判 164頁 本体3400円

人と環境の関係に基づく「風景」について，その対象の分析，計画の目標設定，手法，実施・管理の方法を解説。実際の事例も多数紹介。〔内容〕風景計画の理念／風景の把握と課題抽出／目標像の設定・共有・実現／持続的な風景／事例紹介

シリーズ

人と生態系のダイナミクス （全 5 巻）

シリーズ編集 宮下　直（東京大学）・西廣　淳（国立環境研究所）

人と自然のダイナミックな関係について，歴史的変遷，現状の課題，社会の取り組みを一貫した視点から論じる.

読者対象　生態学に関わる学生・研究者，農林水産業，土木，都市計画などの隣接分野で生物・生態系に興味を持つ研究者・実務家，生物多様性・生態系の保全に関心のある方

人と生態系のダイナミクス　1. 農地・草地の歴史と未来

宮下　直・西廣　淳［著］

A5 判・176 頁・本体 2700 円

人と生態系のダイナミクス　2. 森林の歴史と未来

鈴木　牧・齋藤暖生・西廣　淳・宮下　直［著］

A5 判・192 頁

〔続刊〕

河川・湿地の歴史と未来

河口洋一・西廣　淳・原田守啓・瀧健太郎・宮崎佑介　［著］

海の歴史と未来

堀　正和・山北剛久　［著］

都市生態系の歴史と未来

飯田晶子・曽我昌史・土屋一彬　［著］

上記価格（税別）は 2019 年 11 月現在